HTPB 固体推进剂裂纹损伤及疲劳行为研究

高 波　李根峰　赵晓泽　郭文静　著

本书数字资源

北　京
冶金工业出版社
2025

内容提要

本书系统地介绍了火箭发动机中 HTPB 固体推进剂的力学性能及安全性问题。通过单轴拉伸试验获取了推进剂的基础力学性能，并建立了本构方程；进行了正弦激励扫频动力学研究，验证了本构模型在低频动态响应下的准确性；针对预制裂纹损伤，进行了拉伸试验和数值仿真，提出了相应的非线性损伤模型；对推进剂的疲劳损伤进行了研究，并得到了疲劳寿命方程。本书介绍的研究成果可为推进剂装药结构完整性分析和发动机安全设计提供重要参考。

本书可供固体火箭发动机领域的研究人员、工程师和科研机构的技术人员使用。特别适合从事推进剂力学性能、材料损伤与疲劳研究的专业人士，以及对固体火箭发动机结构安全性感兴趣的相关领域从业者阅读。

图书在版编目（CIP）数据

HTPB 固体推进剂裂纹损伤及疲劳行为研究／高波等著. -- 北京：冶金工业出版社，2025. 7. -- ISBN 978-7-5240-0156-0

Ⅰ. V435

中国国家版本馆 CIP 数据核字第 20258FQ005 号

HTPB 固体推进剂裂纹损伤及疲劳行为研究

出版发行	冶金工业出版社	电　话	（010）64027926
地　址	北京市东城区嵩祝院北巷 39 号	邮　编	100009
网　址	www. mip1953. com	电子信箱	service@ mip1953. com

责任编辑　于昕蕾　美术编辑　吕欣童　版式设计　郑小利
责任校对　梅雨晴　责任印制　禹　蕊
三河市双峰印刷装订有限公司印刷
2025 年 7 月第 1 版，2025 年 7 月第 1 次印刷
710mm×1000mm　1/16；8.75 印张；168 千字；131 页
定价 58.00 元

投稿电话　（010）64027932　投稿信箱　tougao@ cnmip. com. cn
营销中心电话　（010）64044283
冶金工业出版社天猫旗舰店　yjgycbs. tmall. com
（本书如有印装质量问题，本社营销中心负责退换）

前　言

本书系统地介绍了用于固体火箭发动机的 HTPB 推进剂的力学性能及其安全性。本书主要致力于通过试验和理论相结合的研究方法，揭示 HTPB 推进剂的本构方程、裂纹损伤行为及疲劳特性。这一领域的研究对于保证火箭发动机在极端工作条件下的可靠性和安全性至关重要。

首先，书中详细介绍了 HTPB 推进剂在不同环境条件下的基本力学性能，通过单轴拉伸试验获取相关数据，建立了 Prony 级数表达的本构模型。其次，进行了预制裂纹损伤的数值仿真研究，提出了 XFEM 方法结合 Weibull 分布理论的损伤模型，这一创新性方法在仿真结果与实际实验数据对比中表现良好。最后，本书还深入研究了 HTPB 推进剂的疲劳寿命，并提出了疲劳损伤演化规律及疲劳寿命方程，为推进剂长期使用的安全性提供了理论依据。

本书在编写过程中，经过多次试验和数据分析，发现了 HTPB 推进剂在不同环境因素影响下的性能变化规律，并取得了一系列重要研究成果。在此，感谢所有参与本书编写和试验研究的科研人员及工程师们的辛勤付出与合作。

希望本书能够帮助读者更好地理解 HTPB 推进剂的力学性能和安全性问题，并为相关领域的研究与工程应用提供有价值的理论指导和技术支持。

由于作者水平所限，书中难免有不妥之处，敬请读者批评指正。

作　者
2024 年 6 月

目　录

1 绪　　论

1.1　研究背景、目的和意义

1.1.1　研究背景

固体推进剂是固体火箭或者宇航助推的主要动力来源。如今固体火箭因为它们的简单性和可靠性仍在世界范围内广泛应用，例如固体导弹（如我国白杨-M洲际导弹）、固体运载火箭（如我国长征系列运载导弹）、固体火箭助推器（如我国长征六号改运载火箭）。

固体燃料推进剂火箭的性能不会因为长时间存放而大幅下降，并且它们的性能十分可靠，因此经常用于导弹等军事应用。固体燃料火箭一般不直接以单一动力源用作中型或者大型运载火箭，这些运载火箭通常用于商业卫星轨道运行和发射大型太空探测器。固体燃料火箭经常用作捆绑式助推器以增加有效载荷能力，或者在需要高于正常速度时用作自旋稳定的附加动力。

固体火箭发动机包括喷管、推进剂、燃烧室和点火装置，如图 1-1 所示，其类型取决于所使用的推进剂。点火装置的作用是引燃推进剂，而燃烧室则提供燃烧燃料所需的空间并产生推进气体，喷管的作用是将推进气体高速喷出。该种发动机具有维护储存方便、结构简单、稳定性良好、加速性能优秀等多种优点，因此目前被广泛应用。

一直以来，固体推进剂研究的目标是提高推进剂的能量和性能。在中远程武器的运载中，高能固体推进剂非常重要。初步估算表明，固体推进剂每提高 9.8 N·s/kg（1.0 s），中程武器的射程可以增加约 70 km，而洲际导弹的射程则可增加 100 km。由于固体推进剂占据了导弹质量的 90% 左右，因此当运载相同质量的弹头时，如果使用高能固体推进剂，全弹质量可由百吨级减至几十吨级。高性能推进剂的不断改进满足了实际需求，并为发动机设计带来了便利。

端羟基聚丁二烯推进剂简称丁羟推进剂，是以端羟基聚丁二烯（hydroxyl-terminated polybutadiene，简称 HTPB，端羟基丁二烯化学式如图 1-2 所示）为粘合剂，与无机氧化剂、能量添加剂、异氰酸酯固化剂和键合剂等组成的复合推进剂。由丁羟胶、固体氧化剂（高氯酸铵等）、金属燃料（铝粉等）和其他功能助剂混合均匀后，与异氰酸酯反应固化而成。制备方法有自由基聚合和阴离子聚合两种，前者应用较多，具有羟基活性高、黏度低的特点。国内外在役和在研的战略、战术导弹发动机大都采用这种推进剂。

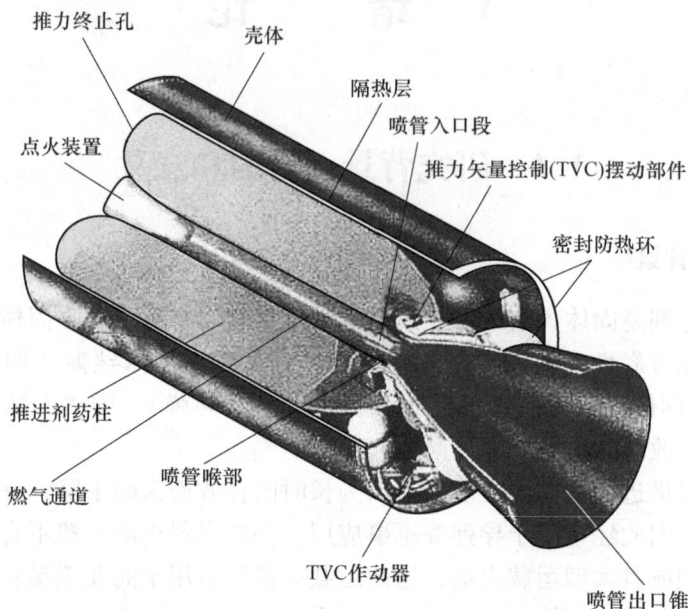

图 1-1　固体火箭示意图

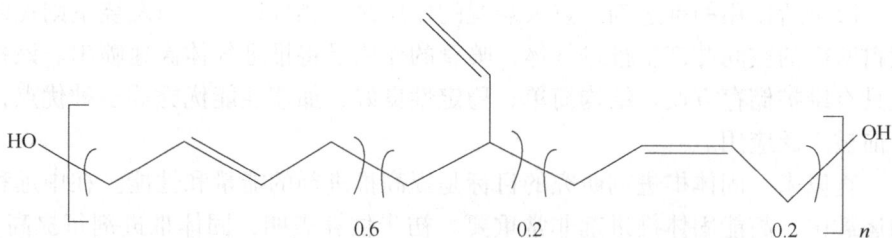

图 1-2　端羟基丁二烯化学式

1.1.2　研究目的

固体火箭发动机是直接推动火箭武器和航空航天运输载具的主要动力来源，是整个作战系统工作和安全性能的核心组成部分。由于其具有结构简单、可靠性高和机动能力强等优点，因此在战术和战略武器中得到了广泛应用。随着对火箭武器性能要求的不断提高，确保固体火箭发动机的各项性能符合标准已成为一个严峻的挑战。端羟基聚丁二烯（HTPB）推进剂在生产、贮存、运输和使用过程中要承受各种载荷（包括重力载荷、冲击载荷、振动载荷等）的作用，导致推进剂内裂纹的萌生，裂纹的存在破坏了推进剂结构的完整性，影响了固体火箭发动机的安全。

本书首先获得推进剂的基础力学性能和松弛模量用来拟合本构方程。再通过预制裂纹损伤，结合扩展有限元法（XFEM），与试验结果相对比，对预制裂纹损伤的 HTPB 推进剂破坏模式进行研究，得到了多种工况下 HTPB 推进剂的预制损伤演化规律。从 HTPB 推进剂的本构方程着手，寻找到精准描述该型 HTPB 推进剂的本构方程，与此同时，开展针对预制损伤 HTPB 推进剂的疲劳损伤研究，得到了未预制损伤和预制损伤下的 HTPB 推进剂的疲劳损伤规律，为该型推进剂的疲劳寿命预测奠定了基础。

1.1.3 研究意义

在实验室中获取用于拟合推进剂本构方程的松弛模量比较容易，并且有成熟的行业标准可以遵循，进而为低频动载下的推进剂性能研究提供便利。研究 HTPB 推进剂的低频动载性能对于结构设计优化、性能预测和验证、故障分析和预防，以及系统集成和优化都具有重要意义。这些研究成果可以为航天、导弹和相关领域的工程设计和运营提供技术支持和指导。

HTPB 推进剂在生产和运输过程中很容易出现微小裂纹等缺陷，这些微小裂纹如果不加控制，会在推进剂药柱表面产生裂纹并扩展，进而导致推进剂药柱和壳体分离等问题。因此，研究这些微小裂纹的扩展是推进剂在储存和日常使用过程中的重要问题，特别是由于内部压力的影响。国内外对固体火箭发动机的破坏研究表明，裂纹的产生和扩展是导致火箭无法正常运行甚至破坏的重要原因之一。此外，在推进剂受到交变载荷的作用下，研究推进剂的疲劳寿命也是必要的，因为这对于预测推进剂的寿命具有重要的实际意义。

推进剂裂纹破坏模型的研究不仅对推进剂生产企业有着可持续发展的经济意义，而且对于国防军工和航空航天事业有着巨大的战略意义。目前，我国在航空航天、洲际弹道导弹、中短程精确制导导弹中对于推进剂的需求日益增多。因此，研究 HTPB 推进剂的裂纹破坏模式，更可以为我国在该领域取得决定性的技术优势和先进地位增添助力。

通过 XFEM 裂纹仿真，可以深入了解 HTPB 推进剂中裂纹的行为，如裂纹扩展速率、路径选择、裂纹开启和闭合行为等。这有助于预测和评估裂纹对推进剂性能和结构完整性的影响。可以对裂纹的扩展过程进行模拟和评估，预测推进剂在不同裂纹情况下的寿命和承载能力，为安全性评估提供依据。通过 XFEM 裂纹仿真，可以评估不同材料参数和设计方案对裂纹行为的影响，优化材料配方和结构设计，提高推进剂的抗裂纹性能和使用寿命。

通过深入了解和研究 HTPB 推进剂的疲劳损伤机理，可以改进材料的设计和制备，提高推进剂的耐久性和可靠性，从而增加系统的安全性。推进剂在使用过程中会经历多次循环荷载和温度变化，这可能导致材料疲劳和损伤。研究 HTPB 推进剂的疲劳损伤可以帮助开发寿命评估模型和方法，预测推进剂在实际使用条件下的寿命和性能退化情况，以及何时需要进行维修或更换。推进剂是航天和导弹等领域的关键材料，其制备和维护成本较高。研究 HTPB 推进剂的疲劳损伤可以帮助优化材料的使用方式和维护策略，延长推进剂的使用寿命，减少资源消耗，降低成本。

1.2　国内外研究现状

1.2.1　HTPB 推进剂本构方程研究现状

HTPB 固体推进剂是一种复合含能材料，能够不依靠其他额外的氧化剂独自进行化学反应并输出大量能量，是航空航天领域各类固体发动机的动力源，在国防科学技术领域有着重要的意义[1]。

本构方程是描述物质力学行为的数学方程。它们用于描述材料的应力-应变关系，即材料在外部受力作用下的变形行为。本构方程是根据实验观察和理论分析得出的，在材料力学中起着重要的作用。本构方程通常涉及应力和应变之间的关系。应力是材料内部的力与其受力面积之比，而应变是物体在外部力作用下发生的形变与初始尺寸之比。本构方程可以是线性的或非线性的，具体取决于材料的特性。线性本构方程描述的是材料的弹性行为，其中应力与应变之间的关系是线性的。这意味着材料的应力和应变成比例，并且满足胡克定律。常见的线性本构方程包括胡克弹性模型和线性弹性模型。非线性本构方程用于描述材料的塑性、粘弹性、粘塑性和损伤等行为。这些方程通常需要更复杂的数学形式来描述应力和应变之间的关系，可能包括一些参数和函数形式。

固体火箭发动机的推进剂是一种典型的粘弹性材料，粘弹性材料在简单加载条件下，后续的变形过程随时间变化，卸载后的响应过程延迟。因此，这种材料中的应力不仅与当时的应变有关，而且与应变的整个变化历史有关。在响应过程中，应力和应变的一一对应关系不再存在，材料发生蠕变和松弛。因此，粘弹性材料的蠕变或松弛函数已成为描述其模型参数的重要工具，同时上述参数的确立对于计算机有限元仿真也是十分有利的[2]。许进生等[3]采用传统方法、Joonas 方法以及基于 Prony 级数的数据拟合法分别研究了 HTPB 复合固体推进剂的松弛模量，并以 Prony 级数形式表示，同时研究了粘弹性材料剪切松弛模量函数的拟合，同时探索了基于麦克斯韦模型的粘弹性原型的松弛模量。Hui 等[4]研究了粘弹性材料剪切松弛模量函数的拟合，同时探索了基于麦克斯韦模型的粘弹性原型的松弛模量。Miller 等[5]采用常规方法在单轴拉力下测试推进剂，采用双悬臂梁模式在热粘弹性分析仪（DMA）中测试推进剂，测试结果证明，当两种方法的结果相似时，DMA 需要较少的材料，表现出较低的可变性，并且对施加的应变不敏感。王虹[6]用有限元方法研究了埋管式导电沥青路面在移动荷载作用下的粘弹性响应，他们实施了一种方法，将沥青混合料的粘弹性本构模型用 Prony 级数来表示。赵延庆等[7]计算了典型沥青路面结构三种响应的单位响应方程，随后，他们利用玻耳兹曼叠加原理分析了半正弦脉冲载荷下路面结构的粘弹性响应。研究表明单位响应方程可以用 Prony 系数精确表达，其参数可以用配置方法确定。还确定了行驶速度对三种粘弹性响应的影响。王本华等[8]利用 Prony 级数推导了粘弹性积分型增量本构方程及其递推公式（用基尔霍夫应力和格林应变表示），从而提出了一种计算 3D 粘弹性变形动态响应的有限元增量叠加方法。Yuan 等[9]分别使用 APDL 编程语言构建了纤维束和 3-D 编织复合材料的两尺度参数单位细胞模型，得出了树脂矩阵中的粘弹性本构方程，并设置了组件材料的参数。

使用松弛模量拟合得到 HTPB 推进剂的本构方程具有精度高、适应性强、试验数据少、考虑老化等优点，能够更好地描述材料在实际使用中的行为。在使用 Prony 级数拟合 HTPB 推进剂本构方程的前提下，使用参数的个数也是一个值得思考和有意义的问题，这关乎把本构方程导入计算机程序进行仿真试验的精确程度。

1.2.2 HTPB 推进剂损伤破坏及其损伤破坏模型研究现状

在过去的一个世纪中，断裂力学领域经历了一段漫长的发展历程，逐步从 20 世纪 20 年代为数不多的专家探索阶段，成为如今备受认可的成熟工程学科。大多数工程大学在研究生阶段开设了断裂力学课程，许多重要的断裂力学概念现在已成为工程设计课程的一部分。

现代断裂力学诞生于美国海军研究实验室（NRL），始于对 Liberty 船[10]失效的研究。曾经领导 NRL 的 Irwin[11]的第一个贡献是将 Griffith 方法扩展到金属，包括局部塑性流动耗散的能量。Orowan[12]独立地提出了对 Griffith 理论的类似修改，能量释放 G 的概念与 Griffith 理论有关，但其形式对解决工程问题更有用。Irwin[13]在 1957 年提出，应力和位移在裂纹尖端附近的分布情况可以通过一个参数来近似描述，这个参数被称为应力强度因子（SIF）。不久之后，这个理论被广泛接受和应用。

当 LEFM（linear elastic fracture mechanics）的基本原理比较完善时，研究人员将注意力转向裂纹尖端塑性，包括 Irwin[14]（1961）的一阶和二阶模型、Dugdale[15]（1960）的屈服模型、线性 Barenblatt[16]（1959）和 Wells 等[17]（1961）

的裂纹尖端张开位移（CTOD）模型。1968 年，Rice[18] 通过将塑性变形理想化为非线性弹性响应，开发了与轮廓无关的 J 积分来表征裂纹前的非线性材料行为。Eshelby[19]（1956）以连续域守恒积分的形式发表了相同的概念。然后，Hutchinson[20]、Rice 和 Rosengren[21]（1968）将 J 积分与非线性材料的裂尖应力场联系起来。

　　线性弹性断裂力学（LEFM）基于裂纹或缺陷的存在，并确定其稳定性和可能的扩展状态。它的非局部性质保证了解的大小或网格（在有限元分析的情况下）的独立性，诸如应力强度因子、能量释放率和基于能量的标准等非局部概念的定义允许将经典断裂力学扩展到非线性问题。该领域的研究可分为四类：单一正交各向异性材料中的静态开裂、动态正交各向异性开裂、正交各向异性双材料界面裂纹和正交各向异性 FGM 中的断裂。所有类别都包括关于定义和评估应力强度因子、相关 J 积分和相互作用积分、推导渐近解、裂纹扩展标准等。

　　存在于 HTPB 固体推进剂药柱中的裂纹会严重影响药柱的结构完整性，同时也会破坏设计燃烧规律的原药型，从而对发动机的内弹道性能产生负面影响。在国外，大约 20 世纪末开始对推进剂断裂特性进行研究。因此，进行固体推进剂断裂特性的实验研究，详细了解裂纹扩展的特性，获得可靠的试验数据，并预测推进剂药柱中裂纹扩展规律，可以为固体火箭发动机药柱完整性分析和寿命预估提供重要依据。

　　许多研究人员对聚合物等复合材料的断裂力学进行了研究。

　　1972 年，Bogy[22] 解决了线性弹性静力学理论中的各向异性楔的平面牵引问题，该技术结合梅林变换采用平面解的复函数，特别注意正交各向异性楔，用初等函数给出了楔角小于 π 的均匀载荷解，研究了半平面上不连续载荷引起的应力场的对数奇异性和应力奇异性，还给出了各向异性半平面和裂纹全平面的简化结果。同年，Barnett 等[23] 采用连续分布位错的方法，解决了任意各向异性线弹性介质在无穷远处均匀受力的狭缝状裂纹问题。Asaro 和 Barnett[24] 建立了任意各向异性弹性介质中直位错的能量和关于取向的一阶导数和线张力的公式，可以通过数值积分快速准确地计算这些公式，从而避免求解以前用于计算这些量的六分代数方程。

　　Tupholme[25] 采用位错层法研究了正交各向异性晶体中加载的 Griffith 型弹性条带裂纹的应力场，讨论了应用于裂纹面的三种基本牵引模式，在以图形方式呈现具有代表性的数值结果之前，导出了应力分量的形式解，并推导出了裂纹尖端附近的应力分布，最后将该方法应用于弹塑性裂纹的 BCS 模型。该结果便于研究六方晶和立方晶中弹性和弹塑性裂纹。

　　Atluri 等[26] 介绍了一种计算平面应力和平面应变问题中任意形状裂纹的弹性应力强度因子的程序。采用假设位移的混合有限元模型，其中最终代数方程组中的未知数是节点位移和弹性应力强度因子。在裂纹尖端附近的固定区域使用包含适当奇异位移和应力场的特殊单元，并且通过使用拉格朗日乘子技术满足单元间位移相容性，给出的数值示例包括张力板上的中心裂缝和边缘裂缝以及张力板上的四分之一圆形裂缝。1976 年，Foschi 和 Barrett[27] 提出了一种适用于线弹性断裂力学应力强度因子有限元分析的一致位移模型。该方法是 Benzley 为各向同性材料开发的方法对各向异性材料的扩展。对于正交各向异性板中倾斜裂纹的情况，有限元结果与通过应力函数的最小二乘搭配获得的结果非常吻合。

1987 年，Boone 等[28] 提出了一种分析正交各向异性材料中断裂扩展的方法。该方法可以广泛地应用于各种材料，例如可能具有各向异性韧性特性的钢、通常具有各向异性刚度和韧性特性的岩石，以及韧性和刚度可以按数量级变化的木材和复合材料。回顾了各向异性材料中的几种断裂扩展理论，并将其应用于各种材料。结果表明：等参数四分之一点单元可用于使用正交位移相关方程获得准确的应力强度因子。

Viola 等[29] 研究了有限裂纹在正交各向异性介质中稳定扩展的弹性动力学响应，该裂纹在无穷远处受到均匀双轴和剪切载荷的作用，同时描述了变化的裂纹速度以及剪切载荷与拉伸载荷之比的影响，指出了材料正交各向异性对描述裂纹扩展特性的各种物理量的作用。

2001 年，Lim 等[30] 对水平开裂正交各向异性板的双轴荷载问题进行了分析。假设材料是理想的均匀各向异性材料，通过考虑平行于裂纹平面施加的载荷，研究了裂纹尖端的应力和位移分布。为了确定初始裂纹扩展的方向，他们采用正应力比准则，针对各种各向异性材料的属性所施加的载荷执行分析。

Carloni 等[31] 将应变能密度理论用于确定正交各向异性固体中的裂纹萌生。提出了一种方法用于导出弹性场的复变量表达式，该公式用于通过模式 I 和模式 II 裂纹问题的叠加来解决边值问题，表明裂纹尖端应力场和位移场的渐近表达式受到与双轴载荷相关的非奇异项的影响。

Carloni 等[32] 又提出了一种推导弹性场复变量表达式的非常规方法。该方法已用于解决作为模式 I 和模式 II 裂纹问题的叠加边值问题，应用最大拉伸应力准则来解决非奇异项对裂纹扩展角度的影响。

2005 年，Nobile 等[33] 在研究正交各向异性裂纹板在无限远处受到双轴均匀载荷的弹性断裂响应时，指出了正交各向异性材料和载荷双轴性对近裂纹尖端弹性场的影响，考虑非奇异项，得到初始裂纹扩展角度和断裂轨迹。为此，考虑应变能密度理论和最大周向应力理论并将其扩展到正交各向异性材料，对各种正交各向异性材料属性和施加的载荷进行数值分析。

同时，一些研究人员为在各向异性介质中传播裂纹周围寻找弹性动力学场中做出了贡献。Achenbach 等[34] 研究了在各向同性和正交各向异性材料中快速瞬态裂纹扩展的弹动力应力和位移场的近尖端角变化。Arcisz 等[35]研究了移动裂纹沿各向异性材料的优选扩展方向，根据裂纹扩展的速度，正交平面中材料特性的变化会影响分叉特性。Piva 等[36]将正交各向异性介质中与弹性动力平面问题相关的偏微分方程通过复合变换简化为一阶 Cauchy-Riemann 型椭圆系统。这个结果证明了应力和位移场的表示是根据定义到适当复杂域中的全纯函数来表示的，上述结论已用于解决与正交各向异性介质中有限直裂纹的稳态扩展有关的边值问题。

Kasmalkar[37]研究了渐变层涂覆的均质基材的表面和内部裂纹问题。同年，Chen 等[38]考虑了由均质基材和非均质涂层组成的复合层的脱粘问题，假设问题是平面应变或广义平面应力之一，并且弹性介质包含沿界面的裂纹。进一步假设介质的热机械特性是厚度坐标与不连续导数的连续函数。混合模式裂纹问题是针对任意裂纹表面牵引制定的，并给出了均匀法向和剪切牵引的样本结果。问题中的主要变量是两个无量纲长度参数和一个非均匀常数。计算结果主要包括应力强度因子和应变能释放率，旨在为进一步的数值研究提供基准解决方案。

Erdogan 等[39]考虑了在静态自平衡热应力或残余应力下的无约束弹性层。该层被假定为功能梯度材料（functionally graded materials，FGM），这意味着其热机械特性被假定为厚度坐标的连续函数。该层包含垂直于其边界的嵌入或表面裂纹，使用叠加将问题简化为扰动问题，其中裂纹表面牵引力是唯一的外力。原始问题的尺寸、几何形状和加载条件使得扰动问题可以近似为无限层的平面应变模式 I 裂纹问题，在对热应力问题进行了一般性讨论后，提出了非均匀介质中的裂纹问题。将裂纹问题简化为具有广义柯西积分方程并进行数值求解，并且给出了嵌入和表面裂纹的应力强度因子。

Lee 等[40]研究了动态平面模式下正交各向异性材料的裂纹扩展问题，为了分析正交各向异性材料的动态断裂问题，了解裂纹尖端周围的动态应力分量和动态位移分量非常重要。裂纹扩展特性用正交各向异性材料的力学性能和裂纹速度来表示，裂纹扩展速度越快，裂纹尖端应力分量的应力值越大。当纤维方向与应力分量方向一致时，裂纹尖端的应力分量值大于纤维方向垂直应力分量值。

Gu 等[41]研究了脆性功能梯度材料（FGM）中的小裂纹变形。FGM 被建模为简单的非均质材料，即忽略微观结构的影响，材料性能变化被认为是连续的。考虑到脆性材料的局部均匀性和小尺度非弹性、韧性与方向无关，因此，裂纹沿着最大能量释放率的方向，给出了模式 II 应力强度因子的方向扩展。2005 年，Piva 等[42]研究了在弹动力系数矩阵具有重复特征值的条件下，裂纹在正交各向异性介质中扩展的 I 型弹性动力问题，明确获得了裂纹尖端前的动应力和位移分量以及能量释放率。

屈文忠[43]对具有应变梯度、填充密度大的国产 HTPB 推进剂中的裂纹扩展特性，研究考虑了两种初始裂纹长度，采用中心裂纹的试样，在室温下，恒定应变速率下进行了试验研究。赵超[44]使用分离式霍普金森压杆（SHPB）和万能材料试验机对改性双基推进剂的Ⅰ型和Ⅱ型断裂行为进行了试验研究，得到了可以准确描述该材料在高应变速率下力学行为的线性 ZWT 本构。最后使用 ABAQUS 对圆柱形试件进行了数值验证，确定了材料的本构与断裂行为判定准则。成曙等[45]开展了国产复合推进剂含Ⅰ型裂纹的拉伸试验研究。通过采用不同的拉伸速率，可以获得剪切特性曲线和应力-应变破坏曲线。这些结果可以为分析推进剂材料的破坏提供实证依据和经验准则。

王阳等[46]为了实现端羟基聚丁二烯（HTPB）推进剂复合型裂纹尖端变形场测量及破坏模式分析，制作了含中心贯穿复合型裂纹的 HTPB 推进剂试件，并进行了动态拉伸观察试验，获得了复合型裂纹的扩展特性，并通过数字图像相关方法（DIC）得到试件表面及裂纹尖端的应变场，对复合型裂纹尖端应变场特点及应变场与裂纹扩展规律的关系进行了研究。龙兵等[47]为研究 HTPB 推进剂在冲击载荷作用下的动态断裂特性与破坏机理，使用中心直裂纹圆盘试件，在分离式 Hopkinson 压杆实验系统上开展了推进剂动态断裂实验，得到了高应变率下 HTPB 推进剂的Ⅰ型动态起裂韧性值，利用扫描电镜观察了推进剂的断面形貌，并使用分形几何方法计算了断面分形盒维数。汪文强等[48]开展了关于 AP/Al/CMDB 推进剂在 2 mm/min 拉伸速率下的断裂实验研究，利用 CCD 光学显微镜实时监测了裂纹的起裂与扩展过程，并阐述了材料的损伤演化机理，结合电镜扫描（SEM）技术对推进剂的断面形貌进行了表征，分析了大粒径高氯酸铵（AP）的微观结构演化机理，采用积分法获得推进剂的断裂能。数字图像相关（DIC）为裂纹尖端变形场的定量分析提供了一种有效的方法。

本书将上述多种方法结合使用，全面地分析了单轴拉伸下 HTPB 推进剂试件多种裂纹和拉伸速率下的破坏规律。

1.2.3 HTPB 推进剂损伤破坏 XFEM 仿真研究现状

2024 年是有限元法（FEM）发明 83 周年，它已成为对包括材料和结构力学、流体流动和热传导、用于医疗诊断和手术计划的各种生物过程、电磁学和半导体电路以及芯片设计和分析的重要工具。FEM 从根本上彻底改变了科学家进行科学建模和工程设计的方式，包括汽车、飞机、海洋结构、桥梁、高速公路、和高层建筑。与 FEM 的发展相关的是同时发展了一门称为计算力学或计算科学与工程的工程科学学科。

计算断裂力学和有限元细化技术的重大突破在 20 世纪 90 年代后期。Belytschko 和他的同事，包括 Black、Moes 和 Dolbow 开发了扩展有限元（XFEM）[49]，它使用各种丰富的不连续形状函数以准确捕获没有重新划分网格的破裂体的形态。因为适应性富集过程由裂纹尖端能量释放率决定，XFEM 提供了准确的线性弹性断裂力学（LEFM）的解决方案。在开发 XFEM 时，Belytschko 等[50]出色地利用了解决断裂力学问题的 PUFEM（partition of unity finite element method）概念即无须重新网格化。

由于纳米技术的出现，各种多尺度已经开发了一些方法来耦合原子分子动力学和密度泛函等方法理论（DFT）来计算的有限元法。2007 年，Gavini、Bhattacharya 和 Ortiz[51]开发了连续无轨密度泛函理论（DFT）用于数百万原子计算的 DFT-FEM。总体而言，FEM 在这段时间发展迅速。从 20 世纪 90 年代末到 21 世纪初，FEM 软件行业已成为价值数十亿美元的企业。历史上，有几家知名的有限元方法（FEM）软件公司，如 ANSYS、ABAQUS、ADINA、LS-DYNA、NASTRAN、COMSOL Multiphysics、CSI 等。今天，还有大量可用的开源 FEM 软件在线，如 FreeFEM、OpenSees、Elmer、FEBio、FEniCS 项目等。

有限元法多年来一直广泛用于结构的断裂分析，除非提出更好的解决方案，否则它可能是包括断裂在内的一般工程问题的首选分析方法。尽管具有突出的优势，但也有替代方法可供选择，包括自适应有限/离散元法（DEM）、边界元法（BEM）、各种无网格方法、扩展等几何分析（XIGA）以及最近的先进多尺度技术。

Chessa 等第一个提出了具有富集思想的有限元模型[52]，他在有限元方法中引入了利用渐近解来解决静态断裂问题的近尖端场的思想。1996 年，Melenk 和 Babuška[53]讨论了单位划分的数学基础有限元法（PUFEM），并说明 PUFEM 可用于采用微分方程的结构正在考虑构建有效和稳健方法。PUFEM 的相同思想，但具有局部性，已成为理论基础单位有限元法的局部划分，以后称为扩展有限元法。1999 年，Belytschko 和 Black[54]首次提出了扩展有限元方法，提出了一种用于裂纹扩展的最小重新网格化有限元方法。他们在有限元近似中添加了不连续的富集函数来解释裂纹的存在，只有严重弯曲的任意裂缝才需要局部重新网格化方案来改进解决方案。

2002 年，XFEM 首次被科学界使用在复合材料中。Dolbow 和 Nadeau[55]讨论了一些关于将有效属性应用于失效的基本理论和数值问题微结构材料的问题，重点是功能梯度材料。考虑一个边缘开裂的正方形区域，它被认为是结构系统中具有代表性的体积元素，对于所有计算，他们采用扩展有限元方法，减轻需要重新划分不同微结构实现之间的域。该方法采用富集策略来捕获裂纹尖端附近的奇异应力场以及纤维-基体界面处的不连续应变场。

Dolbow 和 Gosz[56]提出了一种新的相互作用能量积分方法，用于计算任意定向 FGM 尖端的混合模式应力强度因子。Remmers 等[57]提出了一种新的有限元方法，用于模拟薄层复合结构中的分层增长。

Hettich 和 Ramm[58]的贡献旨在对多相材料进行详细的几何建模，以及对材料界面和界面失效进行局部机械建模。微观结构内材料分布的几何形状通过水平集函数来描述，材料界面和界面裂纹的力学建模是通过扩展有限元法（XFEM）完成的。水平集方法和 XFEM 两者的结合允许人们在不调整网格的情况下对微观结构的这种内部特征进行建模。

2010 年，Nagashima 和 Suemasu[59]对扩展有限元法应用于壳单元模拟的复合层合板进行了应力分析。在所提出的方法中，包含界面的薄壁结构通过壳单元建模，并丰富了界面上的节点以模拟分层。基于所提出的方法开发了用于薄壁结构的 XFEM 代码，并将其应用于具有分层的碳纤维增强塑料层压板的屈曲分析。所提出的壳单元 XFEM 可以提供适当的结果，这与 XFEM 获得的用于实体单元和常规 FEM 分析的结果非常吻合。

Ebrahimi 等[60]通过数值求解特征方程，研究了尖角处应力奇异的阶数。针对不同的接触构型，导出了尖角周围相应的位移场和应力场，准确地满足了从角两侧变形和应力状态的相容性。然后，第一次在统一有限元划分的框架内，以最小富集（每个富集节点 2 个函数）实现了接触问题的无限渐近应力场的主导模式。实现了更高的收敛速度，并且可以直接从额外的未知数中获得广义应力强度因子。

2020 年，Ebrahimi[61]提出了一种有限元渐近展开式，它提取奇异值正交异性复合材料设计中不同摩擦裂纹或接触问题的点求解，提出的直接扩展有限元法（Direct-XFEM）有利于一种用于实现奇异模态分析结果的有效算法。

2021 年，Ebrahimi[62]指出，多材料纤维增强复合材料接头的裂纹形态决定了其在裂纹尖端周围应力解的奇异性。这类正交各向异性复合材料使用一种名为 Direct-XFEM 的新型扩展有限元（XFEM）方法。Direct-XFEM 在局部裂纹尖端区域中包含几个额外的自由度以及相应的应力强度因子（SIF）。结果表明，在没有奇异形状函数的情况下，与普通 XFEM 相比有显著改进。

Kumar 等[63]通过实验和数值研究评估了 SA508 碳钢的稳定裂纹扩展行为。观察到各种类型的缺陷对结构承载能力的影响。提出了使用有限应变塑性模拟延性材料中稳定裂纹扩展的均质化多重网格 XFEM 方法。通过更新的拉格朗日方法建模，而材料非线性已通过 von-Mises 屈服建模，使用各向同性应变硬化的准则，所提出的方法的准确性和有效性已通过求解多个问题得到验证。

Li 等[64]对 XFEM 的三个典型理论框架进行了分类，即线弹性断裂力学、基于 XFEM 的内聚区模型和弹塑性断裂力学。从宏观和微观尺度给出了使用 XFEM 的单调和循环载荷，在相比之下，用于模拟脆性断裂的 XFEM 框架是最全面和应用最广泛的理论，但用于模拟脆性断裂的理论延性裂纹扩展仍有待发展。此外，通过考虑材料的微观结构的影响而不是宏观裂纹，XFEM 在微裂纹生长模拟中变得更加复杂。XFEM 可以将任意不连续性引入有限元，可用于分析工程材料和结构中不同的裂纹扩展问题。

2015 年, Kumar 等[65]进行了弹塑性 XFEM 模拟, 以评估存在各种缺陷时平面裂纹问题的疲劳寿命。材料的应力-应变响应由 Ramberg-Osgood 方程建模, von-Mises 失效准则已与各向同性硬化准则一起使用, 通过将位移场和应力场分解为对称部分和反对称部分, 得到两种断裂模式 (模式 I 和模式 II) 的 J 积分, 然后从 J 积分中提取个体应力强度因子。

Khoei 等[66]针对 3D 固体力学问题中的大弹塑性变形提出了扩展有限元方法, 此 XFEM 计算算法是在拉格朗日描述的框架中提出的, 以便对任意界面进行建模。在 XFEM 中, 材料界面的表示独立于单元边界, 通过用几个四面体子单元划分区域来完成, 这些子单元的高斯点用于积分元素域。此方法中将拉格朗日塑性公式与 XFEM 技术相结合, 通过使用 XFEM 技术和应用修改的水平集对两个物体之间的界面进行建模富集。为了模拟材料的非线性行为, 2010 年, Song 等[67]提出了在粘弹性材料中使用 XFEM 方法。

Yu 等[68]利用扩展有限元方法研究了二维粘弹性介质中裂纹的建模问题, 还研究了粘弹性介质中裂纹尖端断裂问题的开模和混合模解。所提出的方法具有良好的一致性, 并为增强粘弹性介质中裂纹扩展的建模提供了合理的背景信息。

2020 年, Hajikarimi 等[69]在沥青中引入生物改性剂, 在蠕变载荷和松弛过程中增强沥青性能, 基于 XFEM 建模结果弯曲梁流变仪几何和边界条件证明, 简单的分数粘弹性模型可以准确表征生物改性沥青的低温力学行为。

2021 年, Latifaghili 等[70]基于扩展有限元, 对更复杂的裂纹扩展问题进一步评估, 包括混凝土梁的混合模式断裂和剥离试验, 在载荷-位移曲线和牵引曲线方面与实验数值数据非常吻合。

Srinivasan 等[71]提出了广义有限元方法对混合有限元方法类的扩展, 以解决具有几乎不可压缩非线性超弹性材料行为的异构系统问题。对模型异质推进剂的压缩进行了模拟, 以证明所提出的不连续变形公式的可行性。Moës 等[72]首先对涉及静止和移动界面的模型进行机械描述, 然后详细介绍了扩展有限元法 (XFEM) 的三种不同情况: 裂纹状界面、材料界面和自由表面。与相关方法 (GFEM、PUFEM) 一样, XFEM 依赖于基于单位构造划分的近似技术, 通过这种方式, 使用水平集方法来更新这些特征。

Fagerström 等[73]针对几何非线性情况, 提出了一种用于断裂建模的通用有限元方法, 考虑了两种不同的断裂标准。首先, 根据材料 Mandel 应力和材料内聚区定律的主应力标准, 将内聚 Mandel 牵引力与直接不连续性相关的材料位移 "跳跃" 联系起来。其次, 根据材料-裂纹-驱动力 (MCDF) 制定了格里菲斯型判据, 裂纹扩展方向由力的方向决定, 对应于最大能量释放的方向。除了材料建模之外, 还对所提出方法的数值处理和计算实施方面进行了深入讨论。

2008 年，Khoei 等[74]提出了一种基于扩展任意拉格朗日-欧拉有限元法（X-ALE-FEM）的新计算技术，用于解决固体力学问题的大变形问题。采用任意拉格朗日-欧拉（ALE）技术来捕捉拉格朗日和欧拉方法的优点，并减轻拉格朗日公式中网格失真的缺点。实施 XFEM 程序以独立于单元边界捕获不连续性，该过程是通过执行分裂算子将材料（拉格朗日）相与对流（欧拉）相分离，并使用一些三角形子元素划分拉格朗日网格和重定位网格来完成的，这些三角形子元素的高斯点用于元素域的积分。

Khoei 等[75]介绍了任意拉格朗日-欧拉（ALE）方法在压敏材料塑性行为中的应用，特别是对粉末压制过程的大变形分析。在 ALE 技术中，参考配置用于描述运动，而不是拉格朗日中的材料配置和欧拉公式中的空间配置。对流项用于反映网格和材料之间的相对运动，每个时间步为拉格朗日阶段和欧拉阶段。对流项在物质相中被忽略，这与标准拉格朗日分析中的时间步长相同。应力和塑性内部变量被转换为考虑对流阶段的相对网格材料运动。然后在三不变塑性模型的框架内执行 ALE 公式，以预测粉末模压大变形过程中的非均匀密度分布。塑性模型基于具有各向同性和运动学材料函数的硬化规则。通过使用屈服面、材料函数和非线性弹性行为的定义，作为硬化参数的函数，推导出弹塑性基体本构。

Asadpoure 等[76]使用扩展有限元法（XFEM）为正交各向异性介质中的裂纹建模提出了新的富集函数。在该方法中，Heaviside 函数和近尖端函数用于单位分割法的框架中，用于模拟经典有限元方法中的不连续性。在这个过程中，通过使用基于无网格的想法，包含裂纹的单元不需要符合裂纹边缘。因此，直接进行网格生成而忽略任何裂缝的存在，该方法仍然能够扩展裂缝而不需要重新划分网格。此外，裂纹尖端周围的单元类型与有限元模型的其他部分保持相同，与经典有限元方法相比，节点数量和自由度大大降低。评估混合模式应力强度因子（SIF）以确定域的断裂特性，并将所提出的方法与其他可用方法进行比较。采用相互作用积分（M-integral），它被认为是计算应力强度因子最精确的数值方法之一。

2011 年，Ghorashi 等[77]描述了一种通过无单元 Galerkin 方法对二维正交各向异性介质中离散裂纹进行建模的新方法。为了提高求解精度，采用了最近开发的用于扩展有限元方法的正交各向异性富集函数以及亚三角形技术，以提高裂纹附近的高斯求解精度。采用适当的方案来选择裂缝附近的支持域以降低计算成本。在本研究中，通过相互作用积分获得混合模式应力强度因子以确定裂缝性质。

2019 年，Kaushik 等[78]开发了一个基于 NURBS 的扩展等几何分析（XIGA）代码，用于正交各向异性薄层的断裂分析。XIGA 代码能够使用非均匀有理 B 型基函数对模型的解析域和几何描述进行有效分析。水平集方法用于跟踪裂纹几何形状，裂纹面由 Heaviside 富集函数富集，裂纹尖端奇点由渐近裂纹尖端富集函数捕获。相互作用积分（M-Integral）方法用于计算混合模式应力强度因子，以进一步稳定裂纹扩展。Paris 裂纹扩展定律用于使用生命周期增量法模拟正交各向异性介质中的裂纹扩展和疲劳寿命估计。开发的代码已经过静态和疲劳分析验证。使用 XIGA 方法研究了不同正交角对二维板疲劳寿命的影响，从而优化了正交各向异性板的层片取向。

Dong 等[79]研究调查了含有双 S 形裂缝的天然大理石样品在压缩下的开裂行为。研究发现，在裂纹扩展和扩展阶段，随着外部裂纹的发生，在较大的缺陷和韧带角处，强度的降低伴随着内部裂纹。并进行了相应参数的数值模拟以进行比较。

2011 年，Ashari 等[80]使用扩展有限元法（XFEM）进一步改进了对包含层间分层的复合层压板的断裂分析。开发了一套新的双材料正交各向异性富集函数，并将其用于层状复合材料线弹性断裂力学的 XFEM 分析。层间裂纹尖端富集函数来自无牵引界面裂纹周围的解析渐近位移场。此外，重质和弱不连续富集函数分别用于模拟跨界面裂纹和双材料弱不连续的不连续场。在此过程中，包含裂纹尖端或强/弱不连续性的单元不需要符合这些几何形状，同一网格可用于分析不同的层间裂纹或分层扩展。为了对混合模式应力强度因子进行数值评估，还采用了相互作用积分方法进行研究。

上述学者将 XFEM 方法与各种材料结合进行研究，但是将 XFEM 仿真技术与 HTPB 推进剂结合仍是一个比较新颖的话题。

1.2.4　HTPB 推进剂疲劳损伤研究现状及损伤模型研究现状

解释复合材料的疲劳行为，源自金属疲劳的 *S-N* 或 Wöhler 图是一种熟悉的表示方法。它描述了观察到的事实材料强度，由首次施加载荷时承受的最大应力给出，随着负载的重复应用而减少，并且与数量成反比周期应用。对应于预先选择的大量的强度值循环，例如 10^6 次，通常被视为疲劳极限。在某些情况下，"真实"存在疲劳极限，表示疲劳机制不能低于该应力值启动。

Talreja[81]回顾了复合材料层合板的基本疲劳损伤机制。基于这些机制，提出了疲劳寿命图。疲劳是根据应变来定义的，并且疲劳极限显示存在于单向、交叉层和角层层压板中。指出了复合材料层合板疲劳性能的局限性，提出了提高抗疲劳性能的建议。Talreja 主要考虑在纤维中受到循环张力的单向复合材料方向，让复合材料的试件在载荷控制下进行试验，即载荷在设置的最大值和最小值之间变化。为此，他构建一个以横轴为循环次数的坐标，纵轴为应力应变幅值。如图 1-3 所示，其中横坐标是疲劳循环次数的对数，纵坐标是应变幅值。

1999 年，Gamstedt 和 Talreja[82]研究了两种不同类型的单向碳纤维增强塑料的疲劳寿命行为和潜在的微观机制，这些塑料沿纤维方向以拉-拉方式加载。宏

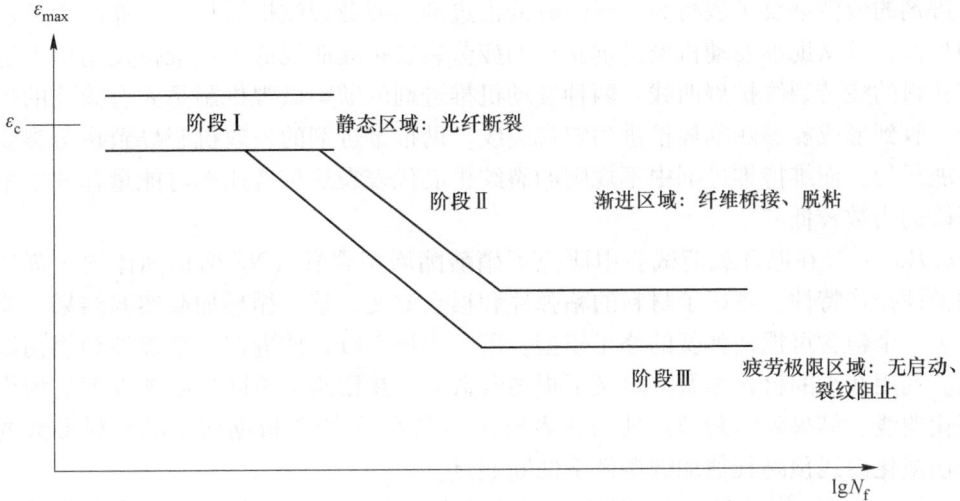

图 1-3　疲劳基本损伤机制

观疲劳行为由疲劳寿命图表征。在疲劳测试过程中间歇性地进行表面观测，以监测主动疲劳损伤微观机制。发现基于热固性的复合材料显示出更高的抗疲劳性，在以减速增长的分布式纤维断裂处引发的微裂纹很少。热塑性复合材料具有更明显的疲劳退化和更陡峭的疲劳寿命曲线，这是由广泛传播的脱粘和基体裂纹引起的。

在 Gamstedt 和 Östlund[83] 的研究中，桥接裂纹的增长已通过表面复制技术进行量化，以标称应力强度因子定义的 da/dN-ΔK 曲线显示出裂纹延迟行为。裂纹扩展曲线可以根据有效应力强度因子重新绘制，其中考虑了桥接纤维的内聚裂纹表面力的贡献。这条曲线在某种程度上更接近于纯基体材料的曲线，但差异仍然很大。因此，除了纤维桥接之外，还必须存在其他主动增韧机制，以减缓裂纹扩展，并解释测试材料的抗疲劳性能。

2017 年，Tong 等[84] 采用红外热成像方法，采用无损检测技术检测固体推进剂在有限循环内应变控制疲劳试验过程中的表面温度演变。当施加的应变低于粘弹性极限时，在宏观裂纹开始之前观察到两个温度变化阶段：初始温度升高阶段和稳态温度状态。同时进行了热力学分析，并开发了一种方法，以允许在循环加载的不同阶段获取存储的能量，从而可以在宏观尺度上反映材料的损坏情况。此外，观察到疲劳过程中的温度局部化，这意味着损伤积累和裂纹扩展的发生。结果表明固体推进剂在疲劳过程中循环载荷引起的温度升高对固体火箭发动机在运输或储存状态下具有显著影响。

2020 年，López 等[85]分析了两级火箭复合固体端羧基聚丁二烯（CTPB）基推进剂的疲劳裂纹扩展行为。所研究的推进剂的疲劳裂纹扩展行为与橡胶中显示的相似，且从助推发动机推进剂获得的疲劳裂纹扩展曲线低于从维持发动机推进剂获得的疲劳裂纹扩展曲线。两种发动机推进剂的缺陷微观机制是先有微孔的生长，直到形成能够亚临界推进的宏观裂纹。助推推进剂的失效机制导致疲劳裂纹扩展行为，而维持推进剂中不规则的裂纹扩展代表裂纹扩展速率与能量释放速率幂律的指数较低。

Hu 等[86]在循环载荷试验中研究了硝酸酯增塑聚醚（NEPE）固体推进剂的粘弹性损伤特性。考虑了材料的粘弹性和损伤演变，基于循环加载实验结果，建立了一个包含可损伤弹簧的修正模型，用于表征 NEPE 推进剂的粘弹性和损伤演化。利用获得的材料参数，定义了损伤参数 D，并预测了不同加载条件下的损伤演化曲线。结果表明断裂点处的临界损伤参数 D_{cr} 可用于根据获得的材料参数的损伤演化曲线预测其他加载条件下的断裂点。

该作者 Hu[87]还研究了 NEPE 固体推进剂的粘弹性损伤特性，这项工作的重点是蠕变和疲劳损伤的演变。NEPE 固体推进剂的循环加载试验是在不同的应力比下进行，然后提出了一个包含粘弹性和损伤演化的改进模型，并用于拟合实验数据。基于带参数的 NEPE 推进剂模型，得到损伤参数 D。给出了不同载荷条件下的损伤演化曲线。结果从预测的损伤演化曲线来看，断裂点处的临界损伤参数 D_{cr} 可用于预测不同载荷条件下的疲劳寿命。

Qu 等[88]研究了应变幅值和加载频率对固体推进剂键合界面的影响。发现循环加载频率对高频下的循环损伤没有影响，循环加载次数和循环加载的自然对数符合线性拟合方程。

上述关于 HTPB 推进剂疲劳的研究并不是太多，从推进剂疲劳寿命测试方法、疲劳损伤机理、疲劳寿命预测模型和疲劳寿命影响因素作为切入点仍有很多工作需要完成。

1.3　研究内容及技术路线

1.3.1　研究内容

经过综合评估后确定以下研究内容：

（1）通过对 HTPB 推进剂试件在不同温度下的松弛模量的测定，拟合关于 HTPB 推进剂的基于 Prony 级数表达的本构方程，从而得到 HTPB 推进剂本构模型。

（2）对 HTPB 推进剂试件进行多种拉伸速率的单轴拉伸试验，并通过 DIC 和显微影像进行观测，得到 HTPB 推进剂的拉伸破坏劣化规律。

（3）对 HTPB 推进剂试件进行裂纹预制，再进行多种速率下的单轴拉伸试验，并以 DIC 和显微影像进行观测，得到 HTPB 推进剂预制裂纹损伤劣化规律。

（4）基于上述（2）和（3），对 HTPB 推进剂多速率单轴拉伸工况和预制裂纹损伤单轴拉伸工况进行 XFEM 仿真验证，并在 XFEM 与试验数据吻合良好的情况下损伤，开展推进剂装药模型的预制裂纹损伤仿真，可以认为 XFEM 仿真方法可以良好地用于 HTPB 推进剂。

（5）对 HTPB 推进剂开展疲劳寿命预测试验，并在此基础上进行了预制裂纹 HTPB 推进剂试件的疲劳寿命试验。

1.3.2 技术路线

本书按照 HTPB 推进剂试件准备→国内外文献查阅→宏观试验分析→微观试验分析→劣化机理分析→模型建立及预测的思路进行研究。具体技术路线如图 1-4 所示。

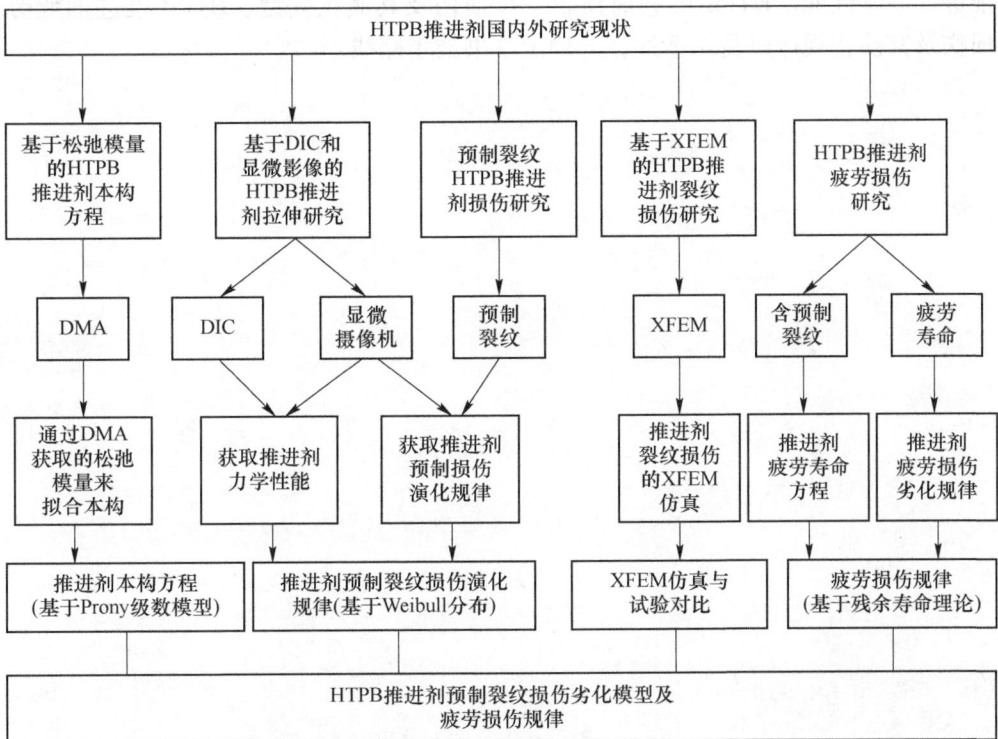

图 1-4 HTPB 推进剂粘弹性本构、裂纹损伤及数值仿真研究技术路线图

1.4 创 新 点

（1）以修正型 19 参数 Prony 级数本构模型确定了 HTPB 推进剂的本构方程，并且在低频正弦扫频下验证了此本构方程，完善了 HTPB 推进剂传统静态本构方程的低频动力学响应。

（2）使用 XFEM 方法结合基于本书得到的 Weibull 分布理论的损伤模型对 HTPB 推进剂的裂纹损伤进行仿真，仿真结果与 DIC 试验结果相吻合，验证了 XFEM 方法结合损伤模型用于 HTPB 推进剂的可行性。

（3）建立了 HTPB 推进剂的疲劳寿命方程和疲劳损伤演化规律，提出了含有预制裂纹损伤的推进剂的疲劳寿命方程。

1.5 本 章 小 结

本章重点以某型号 HTPB 推进剂为原料，对 HTPB 推进剂本构方程、HTPB 推进剂力学性能、HTPB 推进剂预制裂纹损伤及其演化模型、HTPB 推进剂疲劳损伤及其演化规律进行了概述，并确定本书技术路线。

2 HTPB 推进剂本构方程和基础拉伸性能试验

2.1 粘弹性力学理论

2.1.1 粘弹性材料的模型概述

材料的线粘弹性质[89]可以用模型来表示和描述。这些力学模型由离散的弹性与粘性元件（弹簧和阻尼器）以不同方式组合而成。

弹簧服从胡克定律：

$$\sigma = E\varepsilon \tag{2-1}$$

$$\tau = G\gamma \tag{2-2}$$

式中，σ、τ、ε 和 γ 分别为正应力、剪应力、正应变和剪应变；E、G 分别为拉压弹性模量和剪切弹性模量。此应力-应变关系随着时间而发生变化，呈现出瞬时的弹性变形和瞬时响应。

粘性元件即阻尼器，有时称为粘壶，它服从牛顿粘性定律：

$$\sigma = \eta\dot{\varepsilon} \tag{2-3}$$

$$\tau = \eta_1\gamma \tag{2-4}$$

式中，η 或 η_1 为粘性系数；$\dot{\varepsilon}$ 为应变率。阻尼器的流变特性，可用等应力和等应变作用下的响应来说明。在应力 $\sigma = \sigma_0 H(t)$ 作用下，应变响应为 $\varepsilon = \sigma_0 t/\eta$，即呈稳态流动，其中 $H(t)$ 是单位阶跃函数，定义为：

$$H(t) = \begin{cases} 1, & t > 0 \\ 0, & t < 0 \end{cases} \tag{2-5}$$

在 $\varepsilon(t) = \varepsilon_0 H(t)$ 的条件下，可得应力 $\sigma = \eta\varepsilon_0\delta(t)$，其中 $\delta(t)$ 为单位脉冲函数，它满足两个条件：

$$\delta(t) = 0, \quad t \neq 0 \tag{2-6}$$

$$\int_{-\infty}^{\infty} \delta(t)\,\mathrm{d}t = \int_{-\epsilon}^{\epsilon} \delta(t)\,\mathrm{d}t = 1, \quad \epsilon > 0 \tag{2-7}$$

因此，阻尼器受阶跃应变作用时，应力为无限大后瞬即为零。由于不可能产生数值为无限大的力，所以实际上不能瞬时地使粘性元件产生有限应变。

2.1.2　粘弹性材料的两个基本模型

最简单的粘弹性模型[90]由一个弹簧和一个阻尼器串联或者并联而成，这就是 Maxwell 模型和 Kelvin 模型。

2.1.2.1　Maxwell 模型

Maxwell 模型由弹性元件和粘性元件串联而成，设在应力 σ 作用下，弹簧和阻尼器的应变分别为 ε_1 和 ε_2，则总应变为：

$$\varepsilon = \varepsilon_1 + \varepsilon_2 \tag{2-8}$$

经过计算后得：

$$\dot{\varepsilon} = \frac{\dot{\sigma}}{E} + \frac{\sigma}{\eta} \tag{2-9}$$

$$\sigma + p_1\dot{\sigma} = q_1\dot{\varepsilon} \tag{2-10}$$

式中，$p_1 = \eta/E$ 和 $q_1 = \eta$ 均表示材料常数，上两式即为 Maxwell 模型的应力应变微分关系，如果材料常数为已知，则可用该本构关系来分析蠕变、响应以及应力松弛现象。Maxwell 模型中的蠕变、响应以及应力松弛现象如下。

A　蠕变

在恒定应力 σ_0 作用下，总应变为弹簧应变和阻尼器的应变之和，即

$$\varepsilon = \frac{\varepsilon_0}{E} + \frac{\varepsilon_0}{\eta}t \tag{2-11}$$

此式可由微分方程导出，将 $t > 0$ 时的 $\dot{\sigma} = 0$ 代入后积分，得到：

$$\varepsilon(t) = \frac{\sigma_0}{\eta}t + C \tag{2-12}$$

式中，C 为积分常数，由 $t = 0^+$ 的瞬时弹性初始条件 $\varepsilon(0^+) = \sigma_0/E$ 可得 $C = \sigma_0/E$。数学上是在 $t = 0$ 的去心邻域 $(-\varepsilon, \varepsilon)$ 进行积分：

$$\int_{-\epsilon}^{\epsilon} \frac{\mathrm{d}\varepsilon}{\mathrm{d}t}\mathrm{d}t = \frac{1}{E}\int_{-\epsilon}^{\epsilon} \frac{\mathrm{d}\sigma}{\mathrm{d}t}\mathrm{d}t - \frac{1}{\eta}\int_{-\epsilon}^{\epsilon} \sigma\mathrm{d}t \tag{2-13}$$

即

$$\varepsilon(\epsilon) - \varepsilon(-\epsilon) = \frac{1}{E}[\sigma(\epsilon) - \sigma(-\epsilon)] + \frac{1}{\eta}\int_{-\epsilon}^{\epsilon} \sigma\mathrm{d}t \tag{2-14}$$

注意到材料的自然状态，$t < 0$ 时，$\varepsilon(t) = \sigma(t) = 0$。上式中令 $\epsilon \to 0$，则得 $\varepsilon(0^+) = \sigma_0/E$。于是 Maxwell 模型在恒定力 σ_0 作用下的应变-试件关系式为式 (2-14)，它说明有瞬时弹性变形，应变随时间呈现线性增加。在一定应力作用下，材料可以逐渐地且无限地产生变形，这是流体的特征。因此，常把 Maxwell 模型所表示的材料称为 Maxwell 流体。

B 响应

若在 $t = t_1$ 时即刻卸除外力，则原有 σ_0 作用下的稳态流动终止。弹性变形部分立即消失，即有瞬时弹性响应 σ_0/E，余留在材料中的永久变形为 $\sigma_0(t_1 - t_0)/\eta$。

C 应力松弛

在 $\varepsilon(t) = \varepsilon_0 H(t)$ 作用下，$t > 0$ 时，$\dot{\varepsilon} = 0$，因而式子变为齐次微分方程，它的解是：

$$\sigma = Ce^{-t/p_1} \tag{2-15}$$

代入初始条件，$t = 0^+$ 时，$\sigma(0^+) = E\varepsilon_0$，求出 C 后，可得到应力：

$$\sigma = -\frac{\sigma(0)}{p_1}e^{-t/p_1} \tag{2-16}$$

式中，$p_1 = \eta/E$。此式可以描述 Maxwell 模型的应力松弛现象。应变一经作用，便有瞬时应力 $E\varepsilon_0$，当保持 ε_0 时应力不断减小，随着试件无限增加，应力衰减到零。这一松弛过程的应力变化率为：

$$\dot{\sigma} = -\frac{\sigma(0)}{p_1}e^{-t/p_1} \tag{2-17}$$

显然，松弛开始的时候应力变化率（绝对值）最大，即 $t = 0^+$ 时有 $\dot{\sigma}(0) = -\sigma(0)/p_1$。如果按照这个比率，则应力为：

$$\sigma(t) = \sigma(0) - \frac{\sigma(0)}{p_1}t \tag{2-18}$$

当 $t = p_1$ 时应力为零。因此，记 $\tau_R = p_1 = \eta/E$，称之为松弛时间。松弛时间由材料的性质决定，黏度越小，松弛时间越短，高黏度流变体有较长的松弛时间，而弹性固体则无应力松弛现象。

2.1.2.2 Kelvin 模型

Kelvin 模型由弹簧和阻尼器并联而成，又称 Kelvin-Voigt 模型。两个元件的应变都等于模型的总应变，而模型的总应力为两元件应力之和：

$$\sigma = \sigma_1 + \sigma_2 \tag{2-19}$$

整理后得：

$$\sigma = Ee + \eta\dot{\varepsilon} \tag{2-20}$$

或

$$\sigma = q_0\varepsilon + q_1\dot{\varepsilon} \tag{2-21}$$

这就是 Kelvin 模型的本构关系，式（2-21）中，$q_0 = E$，$q_1 = \eta$，这种模型所体现的材料特性如下。

A　蠕变

在恒定力 σ_0 作用下，由微分方程解得：

$$\varepsilon(t) = Ce^{-t/\tau_d} + \sigma_0/E \tag{2-22}$$

式中，$\tau_d = \eta/E$。蠕变的初始条件为 $t=0$，$\varepsilon(0)=0$。理由是如果 $\varepsilon(0^+)$ 为某一定值，由于 $\varepsilon(0^-)=0$，则在 $t=0$ 时有 $\dot{\varepsilon} \to \infty$，这是不合理的，故应有 $\varepsilon(0^+)=0$。这样，求得积分常数 $C=-\sigma_0/E$。因此，Kelvin 模型的蠕变表达式为：

$$\varepsilon(t) = \frac{\sigma_0}{E}(1 - e^{-t/\tau_d}) \tag{2-23}$$

可见，应变随着时间的增加而增加，当 $t=\infty$ 时，$\varepsilon \to \sigma_0/E$，像一个弹性固体。因此有时将 Kelvin 模型所代表的材料称为 Kelvin 固体。但是，Kelvin 固体没有瞬时弹性，而是按照式（2-24）：

$$\dot{\varepsilon} = \frac{\sigma_0}{\eta}e^{-t/\tau_d} \tag{2-24}$$

的变化规律发生形变，逐渐地趋于应变的渐进值 ε_0/E。初始的应变率为 $\dot{\varepsilon}(0) = \sigma_0/\eta$，如果按照此应变率发生变形，即 $t=\eta/E$ 时，应变达到 σ_0/E 时，称 $\tau_d = \eta/E$ 为延滞时间或延迟时间。

B　响应

上式给出定应力 σ_0 作用下任意时刻 t 的应变值，当 $t=t_1$ 时有：

$$\varepsilon(t_1) = \frac{\sigma_0}{E}(1 - e^{-t_1/\tau_d}) \tag{2-25}$$

若在 $t=t_1$ 时刻除去 σ_0，则可得 Kelvin 模型响应过程的方程为：

$$\eta\dot{\varepsilon} + E\varepsilon = 0, \quad t > t_i \tag{2-26}$$

它的解是：

$$\varepsilon(t) = C_1 e^{-t/\tau_d} \tag{2-27}$$

利用 $t=t_1$ 时的应变连续条件，有：

$$C_1 e^{-t_1/\tau_d} = \frac{\sigma_0}{E}(1 - e^{-t_1/\tau_d}) \tag{2-28}$$

由此得到 C_1 代入上式后得到响应过程的应变-时间关系：

$$\varepsilon(t) = \frac{\sigma_0}{E}(e^{-t_1/\tau_d} - 1)e^{-t/\tau_d} \tag{2-29}$$

当 $t \to \infty$ 时有 $\varepsilon \to 0$，体现弹性固体的特征，只不过是滞弹性响应。

C　应力松弛

Kelvin-Voigt 模型不表现应力松弛过程，因为阻尼器发生变形需要时间，要

有应变率 $\dot{\varepsilon}$，才有应力 σ，所以，当应变维持常量 ε_0，$\dot{\varepsilon}=0$ 时，阻尼器不受力，全部应力由弹簧承受（$\sigma=E\varepsilon_0$），另外，作用阶跃应变 $\varepsilon_0 H(t)$，则 $\dot{\varepsilon}(t)=\varepsilon_0\delta(t)$，由应力应变关系可得：

$$\sigma=E\varepsilon_0 H(t)+\eta\varepsilon_0\delta(t) \tag{2-30}$$

其中，右端第一项表示弹簧所受的应力；第二项则表示 $t=0$ 时有无限大的应力脉冲。因而 $t=0$ 时突加应变 ε_0，对 Kelvin 模型来说是没有意义的。

总而言之，Maxwell 模型能体现松弛现象，但不表示蠕变，只有稳态的流动，Kelvin 模型可体现蠕变过程，却不能表示应力松弛。同时，它们反映的松弛或者蠕变过程都只是时间的一个指数函数，而大多数聚合物等材料的流变过程均较为缓慢。因此，为了更好地描述实际材料的粘弹性性质，常用更多的基本元件组合成其他模型。

2.2 HTPB 推进剂本构方程

2.2.1 HTPB 推进剂松弛模量试验试件制备、设备和方法

本构关系和基础力学性能是评估推进剂性能的关键指标之一，其意义在于帮助设计师了解推进剂的物理特性、确定其可靠性和寿命，为推进剂的设计和使用提供依据。首先，研究推进剂的本构关系可以帮助设计师了解其物理特性，可以了解其在不同应力和应变条件下的变形行为，为推进剂的设计提供依据。其次，研究推进剂的基础力学性能有助于确定其可靠性和寿命。基础力学性能用于描述材料在受力过程中的性能表现。通过研究推进剂的基础力学性能，可以了解其在实际使用中的强度、韧性和寿命等方面的表现，从而为推进剂的设计和使用提供依据。此外，研究推进剂的本构关系和基础力学性能还可以帮助制定推进剂的质量控制标准。推进剂的质量控制标准是确保推进剂符合相关质量要求的关键，通过对推进剂的本构关系和基础力学性能进行研究，可以建立相应的质量控制标准，从而提高推进剂的制造效率和生产质量。

本书所使用的 HTPB 推进剂的主要成分如表 2-1 所示。

表 2-1　HTPB 推进剂主要成分

成　　分	作　　用	占比/%	形　　态
端羟基聚丁二烯（HTPB）	粘合剂	11.3	液态
高氯酸铵	固体氧化剂	68	固态
铝粉	固体燃烧剂	17	固态
2,4-甲苯二异氰酸酯	固化剂	0.5	液态
增塑剂、稳定剂、燃烧增塑剂等	其他	3.2	固态、液态

松弛实验设备：研究所使用实验设备是德国 GABO 公司研制的 EPLEXOR8 高级动态热机械分析仪，该仪器配置了上下两个驱动系统，静态力和动态力由这两个独立的系统提供，使得仪器拥有良好的驱动控制能力和测试精度，测试数据重复性较好。仪器如图 2-1 所示。

图 2-1　动态热机械分析仪

本构方程获取方法：本试验按照《中华人民共和国航空航天工业部航天工业标准》(QJ 2487—93)[91] 进行。松弛模量试验条件如表 2-2 所示，松弛模量测试试件尺寸（长×宽×高）为 50 mm×5 mm×10 mm，如图 2-2 所示。与标准略有不同的地方以试验条件为准。

表 2-2　松弛模量试验条件

温度/℃	拉伸速率/mm·min^{-1}	初始应变/%	预应力/N	松弛时间/s
−40, −20, 0, 20, 40, 70	500	5	2	2, 4, 8, 20, 40, 80, 120, 200, 400, 600, 1000

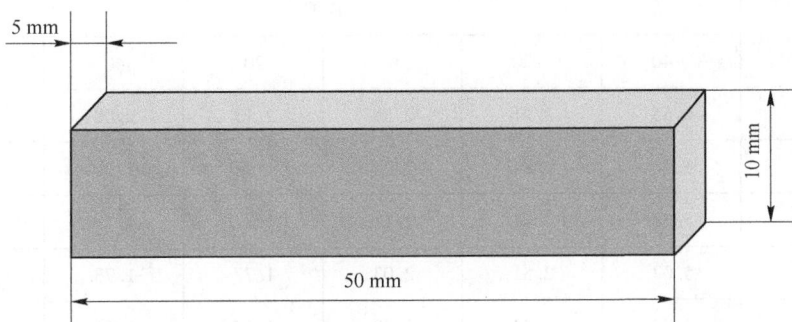

图 2-2 松弛模量测试试件尺寸示意图

$$E(t) = F(t)(1 + \varepsilon_0)/(A_0\varepsilon_0) \tag{2-31}$$

式中，$E(t)$ 为 t 时刻的应力松弛模量，MPa；$F(t)$ 为 t 时刻的松弛力，N；ε_0 为初始恒定应变，%；A_0 为试样初始交叉横截面积，mm^2。

2.2.2 本构方程拟合

表 2-3 是试验测得不同温度下的松弛模量。

表 2-3 不同温度下的松弛模量 （MPa）

t/s	T/℃					
	−40	−20	0	20	40	70
2	16.01	7.50	5.67	4.12	3.94	3.30
5	13.51	6.38	4.87	3.63	3.49	2.92
8	12.39	5.88	4.51	3.41	3.28	2.74
10	11.89	5.65	4.34	3.31	3.19	2.66
15	11.03	5.26	4.06	3.13	3.02	2.52
25	10.03	4.81	3.73	2.92	2.82	2.35
50	8.82	4.26	3.33	2.66	2.58	2.14
80	8.09	3.92	3.08	2.49	2.42	2.01
100	7.76	3.77	2.97	2.42	2.35	1.95
200	6.83	3.34	2.65	2.20	2.15	1.78

t/s	T/℃					
	−40	−20	0	20	40	70
250	6.55	3.21	2.55	2.13	2.08	1.73
500	5.76	2.84	2.28	1.94	1.90	1.57
800	5.28	2.61	2.11	1.82	1.79	1.48
1000	5.07	2.51	2.03	1.77	1.73	1.43
1500	4.70	2.34	1.90	1.67	1.64	1.36
1800	4.55	2.27	1.84	1.63	1.61	1.33

在生产生活中，粘弹性材料的松弛与温度的变化相关，常温下并没有明显的松弛，随着温度的升高会逐渐产生变形和流动，如果温度变化太大，还会改变材料的力学性态。先通过试验确定不同应力水平下的应变-时间曲线，称为松弛曲线族。为了弥补测试时间不能随温度而变得太长或太短的缺陷，需要获得温度偏移系数的对数 $\lg a_T$。取 $T_s = 273.15$ K（0 ℃），各试验温度 T（用绝对温度表示）对应的 $\lg(G(t)T_s/T)$ 的等温曲线见图 2-3，将每条等温曲线沿横坐标平移到 0 ℃ 等温线的横向位移值为 $\lg a_T$，具体方法见上述标准，经计算得到等温曲线，如图 2-3 所示。

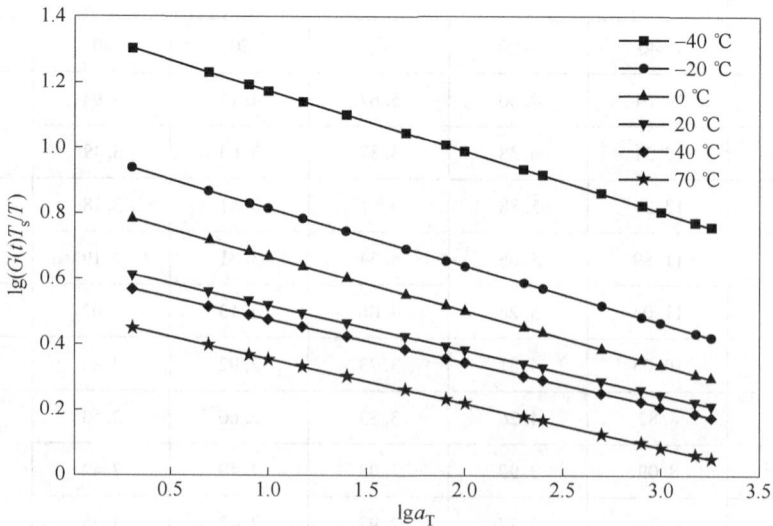

图 2-3　等温曲线

对上述等温曲线族进行拟合后，利用温度偏移得到弛豫模量曲线，再进行 Prony 级数拟合，得到图 2-4。

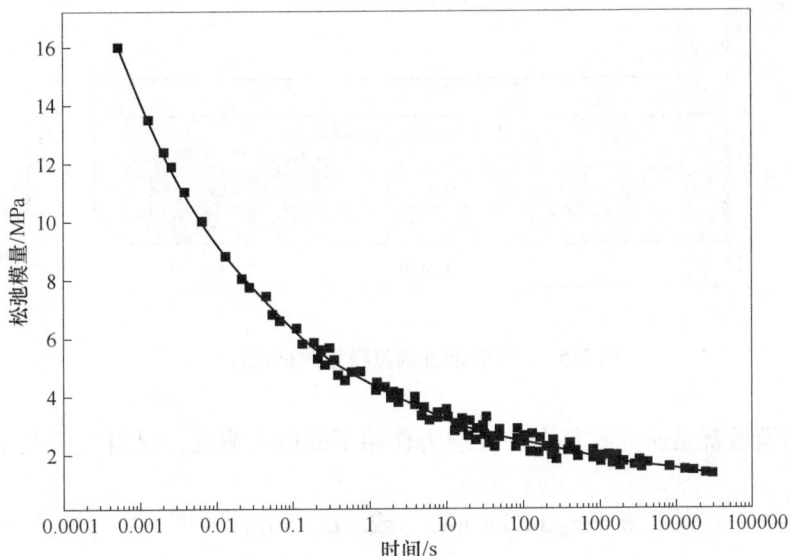

图 2-4 粘弹性材料 Prony 级数本构方程

松弛模量的 Prony 级数本构模型拟合公式：

$$E(t) = E_0 + \sum_{i=1}^{9} E_i \exp(-x/t_i) \tag{2-32}$$

式中，E_i 为材料的瞬时模量；t_i 为 Prony 迟滞时间常数。至此，得到此粘弹性材料的 Prony 级数本构模型。其拟合系数如表 2-4 所示。

表 2-4 Prony 级数拟合系数

i	0	1	2	3	4	5	6	7	8	9
E_i/MPa	0.301	6.512	4.291	2.572	1.455	1.203	0.550	0.604	0.054	1.348
t_i/s	—	10^{-3}	10^{-2}	10^{-1}	10^0	10^1	10^2	10^3	10^4	10^5

2.3 HTPB 推进剂复模量试验试件制备和方法

HTPB 推进剂复模量测试试件尺寸（长×宽×高）为 50 mm×5 mm×10 mm，如图 2-5 所示。试验按照《中华人民共和国航空航天工业部航天工业标准》

（QJ 2487—93）进行。具体试验条件以实验室条件为主。试验设备为上文所使用的德国 GABO 公司研制的 EPLEXOR8 高级动态热机械分析仪。

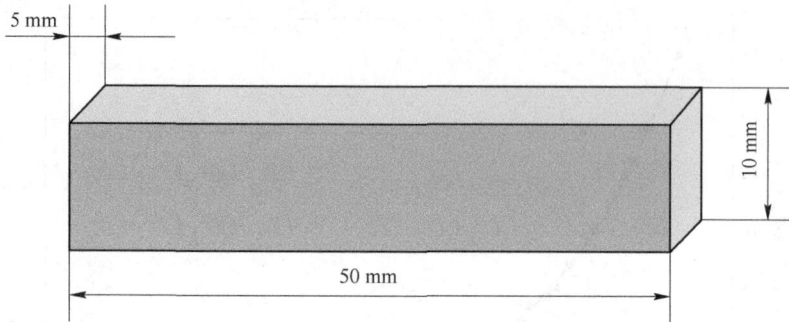

图 2-5　HTPB 推进剂复模量测试试件尺寸

　　动态模量就是研究材料在交变应力作用下的应变响应，材料受到交变响应可表示为：

$$\sigma = \sigma_0 \sin(\omega t + \delta) \quad \text{或} \quad \sigma^* = \sigma_0 \mathrm{e}^{i(\omega t + \delta)} \tag{2-33}$$

$$\varepsilon = \varepsilon_0 \sin\omega t \quad \text{或} \quad \varepsilon^* = \varepsilon_0 \mathrm{e}^{i\omega t} \tag{2-34}$$

式中，ε，ε^* 为交变的应变（时间的函数）；ε_0 为应变振幅，σ；σ^* 为应力（时间的函数）；σ_0 为应力幅值；ω 为角频率；ωt 为相位角；δ 为应力和应变的相位差，也称滞后角。

　　复模量为：

$$E^* = \frac{\sigma^*}{\varepsilon^*} = \frac{\sigma_0}{\varepsilon_0}\mathrm{e}^{i\delta} = |E^*|\,\mathrm{e}^{i\delta}; \tag{2-35}$$

$$E^* = |E^*|\,\mathrm{e}^{i\delta} = |E^*|(\sin\delta + i\cos\delta) = E' + iE'' \tag{2-36}$$

式中，$E' = |E^*|\cos\delta$ 为储能模量；$E'' = |E^*|\sin\delta$ 为损耗模量；$\tan\delta = \dfrac{E''}{E'}$ 为损耗因子。

　　本试验利用动态粘弹仪（DMA）对推进剂试件（图 2-5）在不同温度条件下进行动态模量测试。测试频率覆盖范围为 0～200 Hz，设定频率按指数线性上升进行测试。加载过程中最大应变设定为 1%。在不同温度下进行试验，将试件置于保温储存箱中，调到设定温度，保温 12 h，然后再进行试验。每个试验温度下测试 5 个试件，取平均值。数据点的采样，经过测试后，认为在整个频率范围内采集 15 个数据点较为合适（试验得到各个温度下的数据后按照时温等效原理对数据进行处理）。根据粘弹性材料的时温等效原理，当粘弹性材料在不同温度下受到相同的应力或应变时，其响应可以通过等效的时间-温度关系来描述。具体来说，如果两个相同的粘弹性材料在不同的温度下受到相同的应力或应变，它们的响应行为可以通过时温等效原理来等效。这意味着，通过在实验室中以不同温度和时间尺度下施加应力或应变，并测量材料的响应，可以建立时温等效关系，并将其用于预测材料在其他温度和时间条件下的响应。

2.3.1 HTPB 推进剂复模量测试试验结果

经过动态热粘弹仪试验后得到的数据见表 2-5。

表 2-5　热机械粘弹仪数据

f/Hz	T/℃	E'/MPa	E''/MPa	$\mid E^* \mid$/MPa	$\tan\delta$
0.1	−20	9.42759	5.24436	10.7881	0.556278
14.3786	−20	46.1989	16.4978	49.0563	0.357103
28.6571	−20	55.0167	18.1099	57.9207	0.32917
42.9357	−20.1	60.6337	19.3953	63.6602	0.319877
57.2143	−20.1	63.97	19.9584	67.0112	0.311996
71.4929	−20	66.3567	20.4137	69.4257	0.307636
85.77139	−20	68.3384	20.8533	71.4493	0.305147
100.05	−20	70.6824	21.6537	73.9249	0.306352
114.329	−20	71.1725	19.6552	73.8367	0.276163
128.607	−20	70.0576	22.2325	73.5007	0.317346
142.886	−20	72.7288	21.2315	75.7645	0.291927
157.164	−20	73.6954	22.27	76.9868	0.30219
171.443	−20	72.9114	22.7794	76.387	0.312426
185.721	−20	73.8666	22.908	77.3373	0.310127
200	−20.1	72.8766	22.4047	76.2429	0.307433

由图 2-6 的动态模量测试曲线可以看出：在 0～100 Hz 范围内，随着加载频率的增加推进剂动态模量迅速增加。100～200 Hz 范围内随着加载频率的增加，推进剂动态模量基本不再增大，只有小幅波动。

从损耗模量试验曲线可以看出：在 0～2 Hz 范围内，随着加载频率的增加推进剂损耗模量迅速增大。20～200 Hz 范围内随着加载频率的增加，推进剂损耗模量持续小幅度增大。在 100～140 Hz 范围内，损耗模量有不规则波动。原因是试验加载频率和试验仪器固有频率接近，导致设备产生共振使得实验数据出现波动。此处的波动在每个试件的测试中都会出现，是由设备固有属性引起的，并非

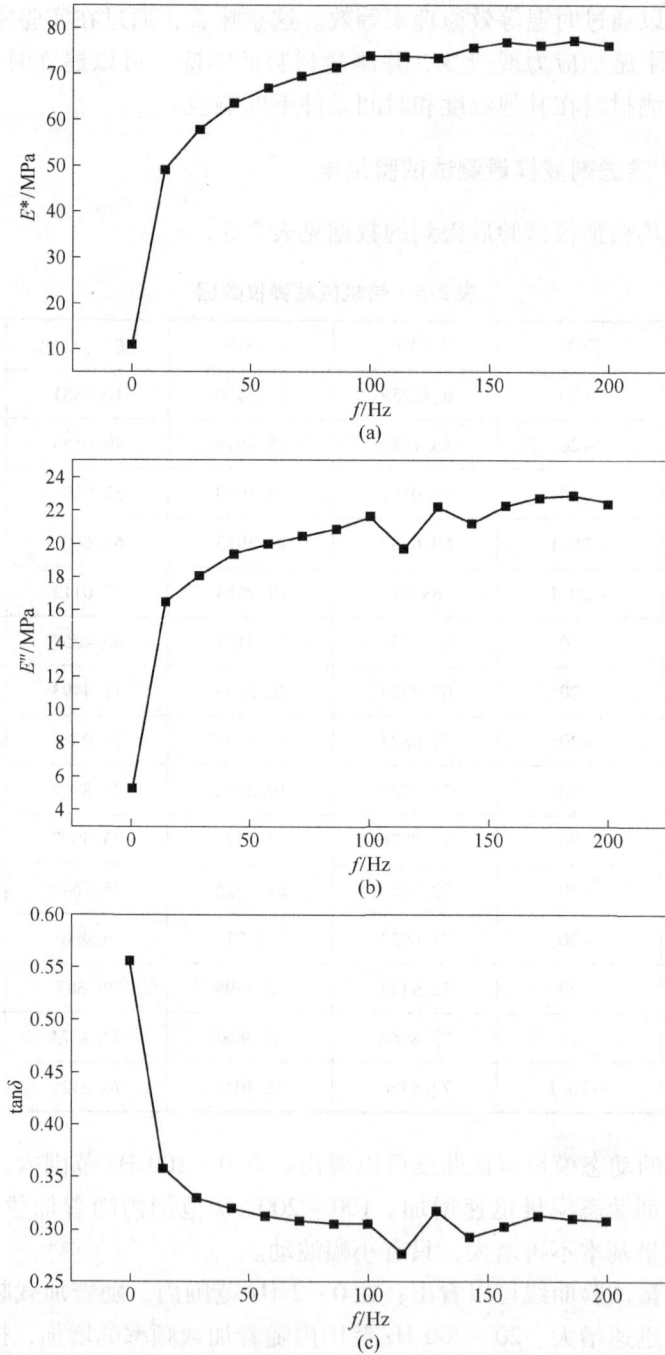

图2-6   -20 ℃条件下推进剂 1 号试件热机械仪测试曲线

（a） -20 ℃条件下动态模量测试曲线；（b） -20 ℃条件下损耗模量测试曲线；

（c） -20 ℃条件下损耗因子测试曲线

试验材料的特殊性质，所以在最终的试验数据处理中可以忽略此处波动。

从损耗因子试验曲线可以看出：在 0 ~ 70 Hz 范围内，随着加载频率的增加推进剂损耗因子迅速降低。70 ~ 200 Hz 范围内随着加载频率的增加，推进剂损耗因子基本稳定在 0.3 左右。在 100 ~ 140 Hz 范围内，损耗因子有不规则波动，原因同上。

2.3.2 试验数据处理方法与拟合

推进剂是一种典型的粘弹性材料，其性质受温度和载荷作用的影响很大。由于试验方法和设备的限制，不能将观测时间无限延长或将温度范围扩大到某种程度以外。即使可以延长和扩大，试验精度也会因此下降，无法得到较为准确的值。为了解决这个问题，可以在不同温度下进行一段时间的试验，采用时间-温度等效原理将在不同加载时间和温度下获得的推进剂模量通过平移后形成一条光滑曲线，称为主曲线。通过建立主曲线来描述推进剂的动态力学性能。可以利用在不同温度和频率下获得的动态模量，根据时温等效原理采用非线性最小二乘法拟合得到不同温度下的动态模量移动因子，从而形成 S 型函数（Sigmoidal），最终确定动态模量主曲线。Sigmoidal 函数如下式：

$$\lg |E^*| = \delta + \frac{\alpha}{1 + e^{\beta + y(\lg\omega_r)}} \tag{2-37}$$

式中，$|E^*|$ 为动态模量；ω_r 为参考温度下的荷载频率，也称为缩减频率；δ、α、β、y 为回归系数，δ 为动态模量的最小值，$\delta + \alpha$ 为动态模量的最大值，β，y 为描述 S 型函数的参数，取决于该推进剂的材料特性。

时温等效原理的关键在于求出移位因子 $a(T)$，下式表示了缩减频率和时间-温度平移因子：

$$\lg\omega_r = \lg\omega + \lg a(T) \tag{2-38}$$

式中，ω 为试验时的加载频率；T 为载荷周期的温度；$a(T)$ 为移位因子，是温度 T 的函数，可用式（2-39）计算：

$$\lg a(T) = aT^2 + bT + c \tag{2-39}$$

至此，可得出推进剂动态模量主曲线的方程。依据主曲线方程即可画出动态模量主曲线。

根据各温度下动态模量曲线族以及时温等效原理，得出各温度下偏移因子如表 2-6 所示。

表 2-6 温度偏移因子

$T/℃$	−40	−20	25	50	70
$\lg a_T$	−2.302	−1.346	0	0.586	0.782
a_T	0.004992	0.048801	1	4.953032	6.049647

偏移因子和温度之间的关系拟合为：

$$\lg a(T) = aT^2 + bT + c \tag{2-40}$$

式中，$a = -0.0002$，$b = 0.0332$，$c = -0.6643$ 是拟合参数。拟合曲线如图 2-7 所示。

由图 2-7(a)，利用偏移因子对所得数据进行平移，得到储能模量和损耗模量的散点图，如图 2-7(b) 所示。将得到的模量主曲线数据用 7 参数的 Prony 级数进行拟合就可得到动态模量主曲线，如图 2-7(c) 所示。

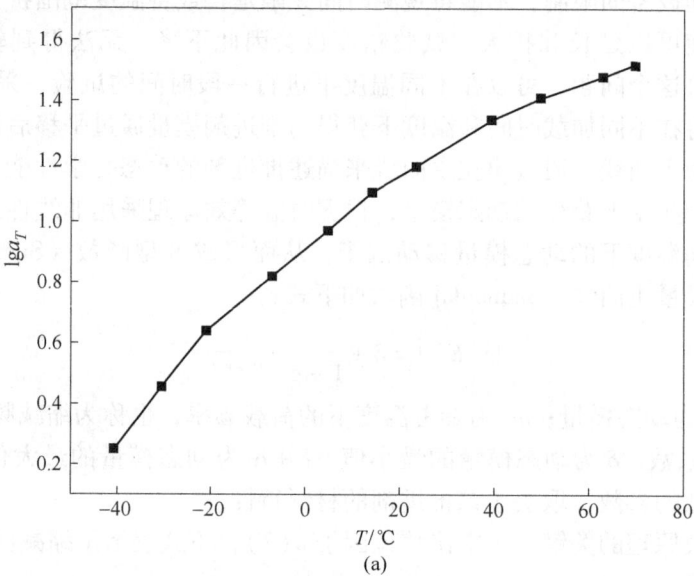

(a)

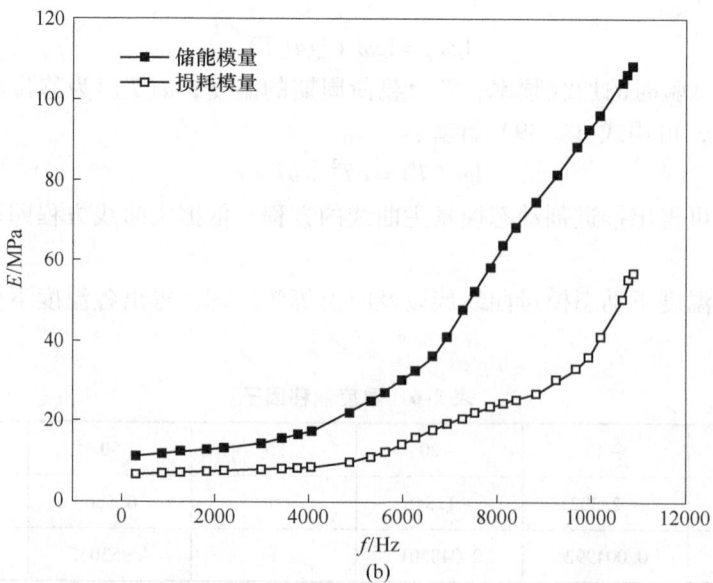

(b)

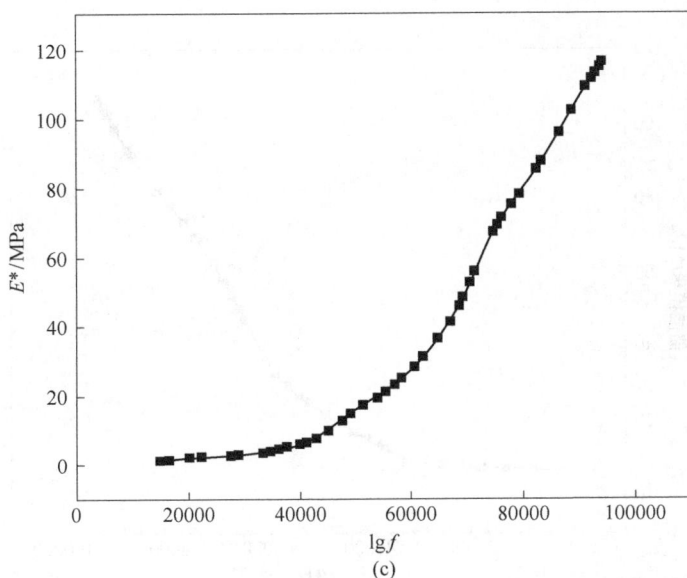

(c)

图 2-7   -20 ℃条件下推进剂 1 号试件拟合曲线

（a）T 和 $\lg a_T$ 拟合图；（b）储能模量和损耗模量；（c）动态模量主曲线拟合图

动态模量 Prony 级数拟合公式为：

$$E^* = E_0 + \sum_{i=1}^{3} E_i \exp(-x/t_i) \tag{2-41}$$

式（2-41）中的 7 个参数如表 2-7 所示。

表 2-7   拟合参数

序号 i	0	1	2	3
E_i	119.2588	-14.0138	-45.08494	-56.5475
t_i	—	5.8638	260.9750	10374.6814

储能模量 Prony 级数拟合如图 2-8(a) 所示，储能模量 Prony 级数拟合公式为：

$$E' = E_0 + \sum_{i=1}^{3} E_i \exp(-x/t_i) \tag{2-42}$$

式（2-42）中的 7 个参数如表 2-8 所示。

表 2-8   储能模量拟合参数

序号 i	0	1	2	3
E_i	109.108	-12.553	-44.355	-48.984
t_i	—	6.113	268.076	9326.868

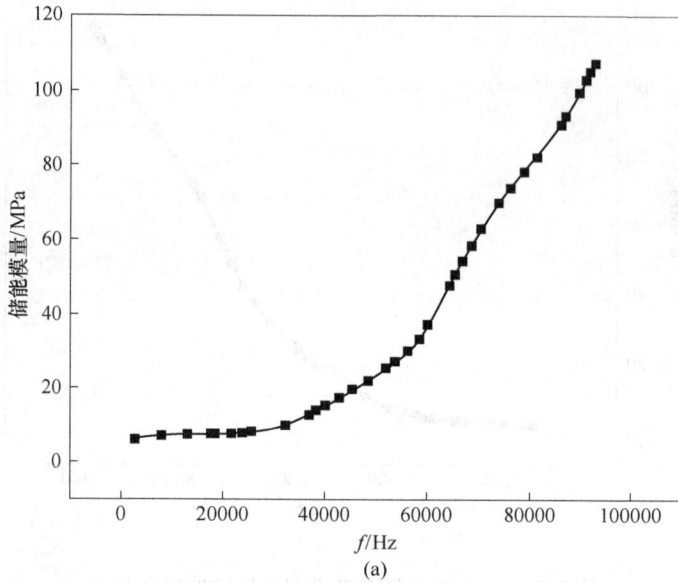

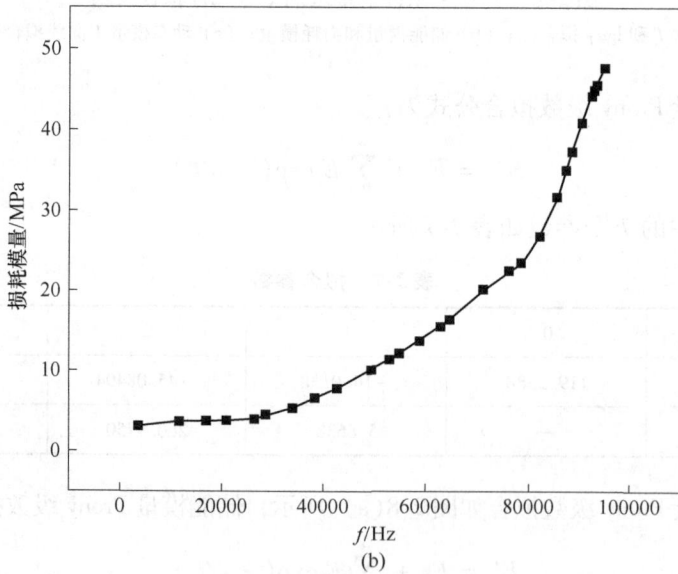

图 2-8　主曲线拟合图

（a）储能模量主曲线拟合图；（b）损耗模量主曲线拟合图

损耗模量 Prony 级数拟合如图 2-8（b）所示，损耗模量 Prony 级数拟合公式为：

$$E'' = E_0 + \sum_{i=1}^{3} E_i \exp(-x/t_i) \qquad (2\text{-}43)$$

式（2-43）中的 7 个参数如表 2-9 所示。

表 2-9　损耗模量拟合参数

序号 i	0	1	2	3
E_i	50.094	−6.087	−9.552	−32.979
t_i	—	4.053	151.011	16768.573

至此得到推进剂动态模量测试实验的全部结果。

2.4　胶粘剂 + AP(高氯酸铵) 试件动态模量测试

图 2-9 所示是各温度下胶基 + AP 试件的动态模量和损耗因子的数据和曲线图。

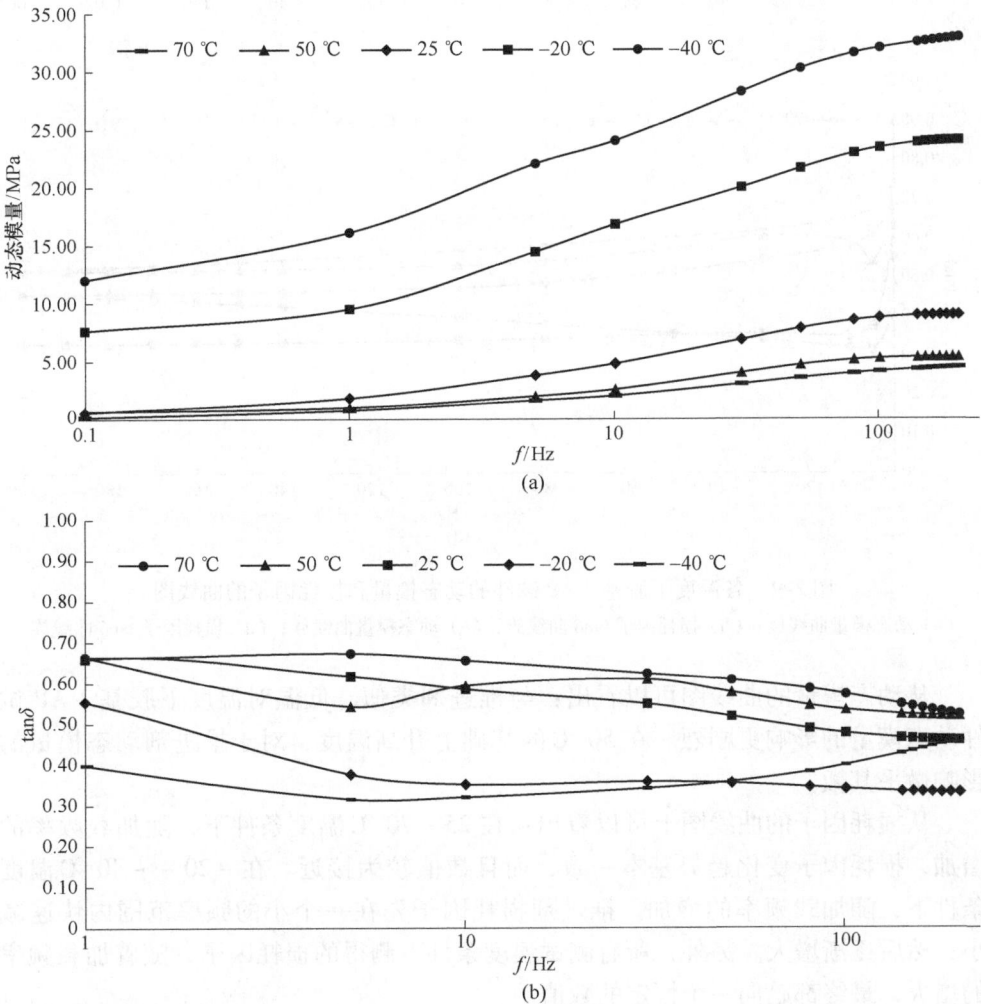

(a)

(b)

（c）

（d）

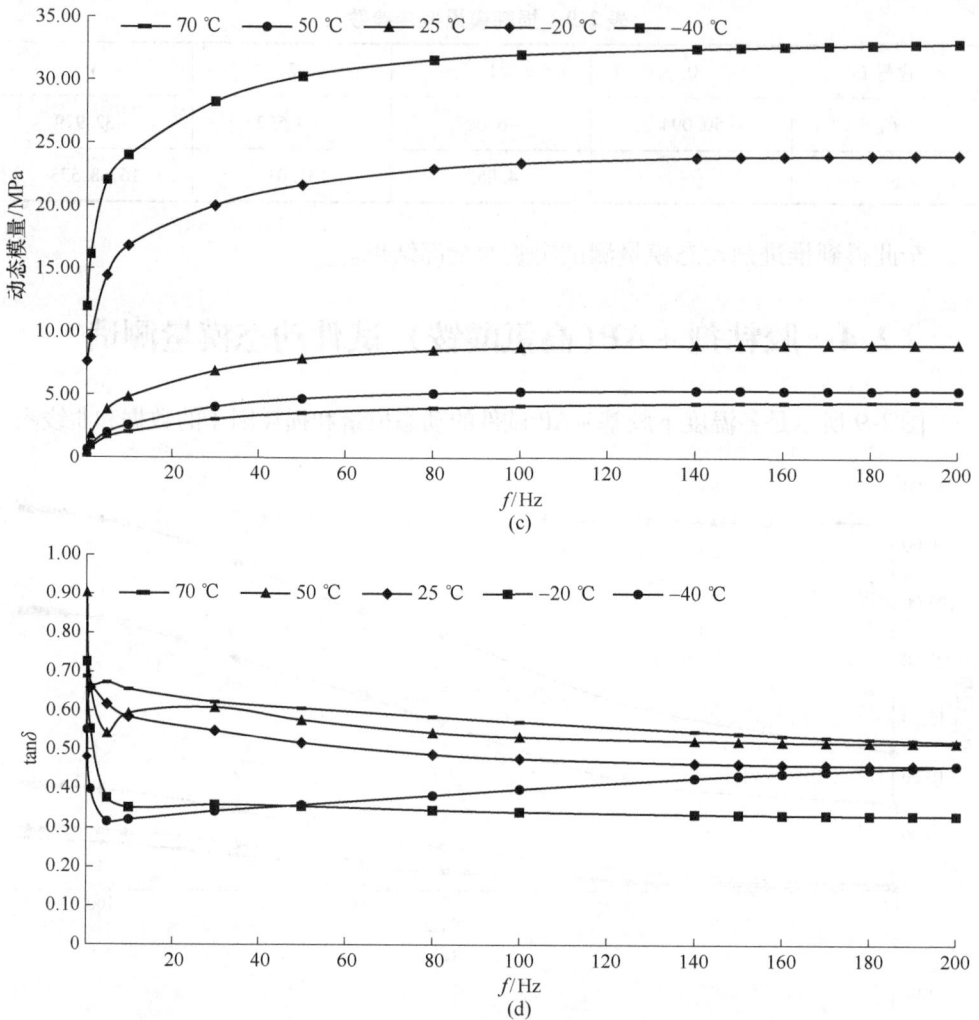

图 2-9　各温度下胶基 + AP 试件的动态模量和损耗因子的曲线图

（a）动态模量曲线族；（b）损耗因子 tanδ 曲线族；（c）动态模量曲线族；（d）损耗因子 tanδ 曲线族

从动态模量的曲线图可以看出：与推进剂类似，低温对温度下胶基 + AP 试件动态模量的影响更剧烈。在 50 ℃ 的基础上升高温度，对于推进剂动态模量的影响微乎其微。

从损耗因子的曲线图上可以看出：在 25 ~ 70 ℃ 温度条件下，随加载频率的增加，损耗因子变化趋势基本一致，而且数值较为接近。在 -20 ~ -40 ℃ 温度条件下，随加载频率的增加，推进剂损耗因子先在一个小的频率范围内快速减小，然后逐渐增大。另外，所有测试温度条件下测得的损耗因子，随着加载频率的增大，最终都趋向一个恒定的数值。

根据各温度下动态模量曲线族以及时温等效原理，得出各温度下偏移因子，如表 2-10 所示。

表 2-10　温度偏移因子数据

$T/℃$	-40	-20	25	50	70
$\lg a_T$	-3.0965	-2.0455	0	0.7296	0.9597
a_T	0.000801	0.009005	1	5.365556	9.115716

对 T 和 $\lg a_T$ 进行拟合得到：

$$\lg a_T = aT^2 + bT + c \tag{2-44}$$

式中，$a = -0.0002$，$b = 0.0447$，$c = -0.9812$。拟合曲线如图 2-10(a) 所示。

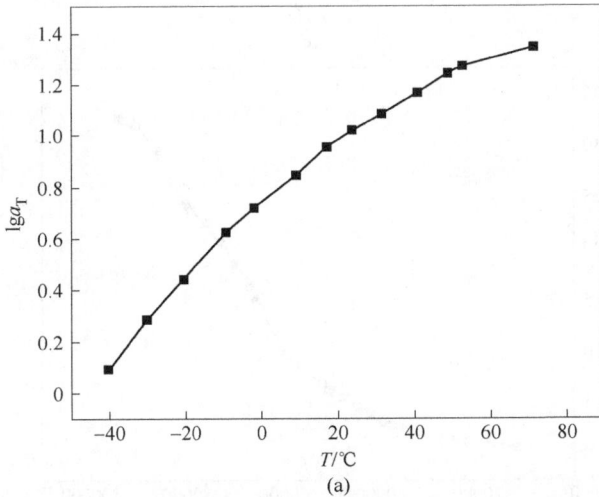

(a)

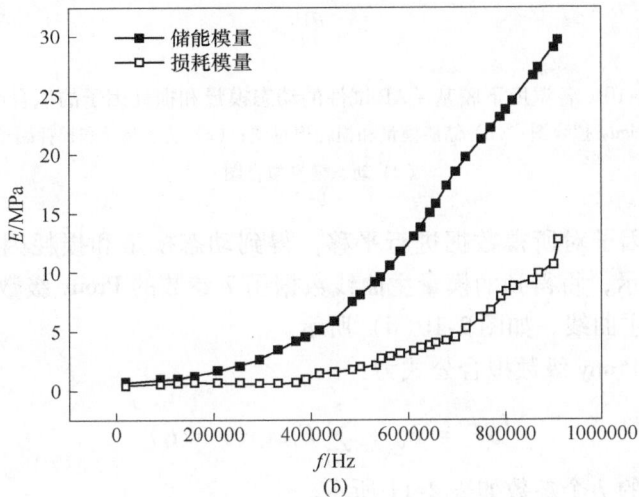

(b)

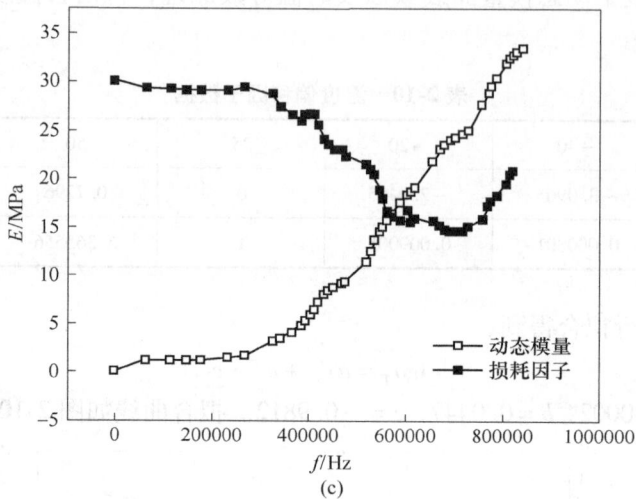

(c)

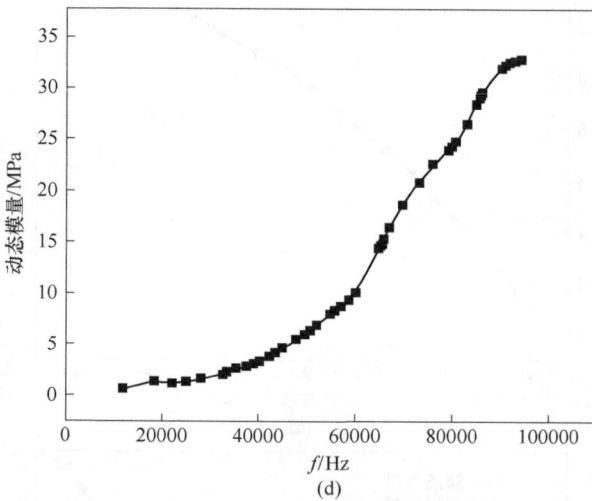

(d)

图 2-10　各温度下胶基 + AP 试件的动态模量和损耗因子的拟合曲线

（a）T 和 $\lg a_T$ 拟合图；（b）储能模量和损耗模量图；（c）动态模量和损耗因子散点图；

（d）动态模量拟合图

　　利用偏移因子对所得数据进行平移，得到动态模量和损耗因子散点图，如图 2-10（c）所示，将得到的模量主曲线数据用 7 参数的 Prony 级数进行拟合就可得到动态模量主曲线，如图 2-10（d）所示。

　　动态模量 Prony 级数拟合公式为：

$$E^* = E_0 + \sum_{i=1}^{3} E_i \exp(-x/t_i) \tag{2-45}$$

式（2-45）中的 7 个参数如表 2-11 所示。

表 2-11 拟合参数

序号 i	0	1	2	3
E_i	32.654	-5.076	-12.922	-12.775
t_i	—	23.87	886.45	44448.78

储能模量 Prony 级数拟合图如图 2-11(a) 所示，储能模量 Prony 级数拟合公式为：

$$E' = E_0 + \sum_{i=1}^{3} E_i \exp(-x/t_i) \qquad (2-46)$$

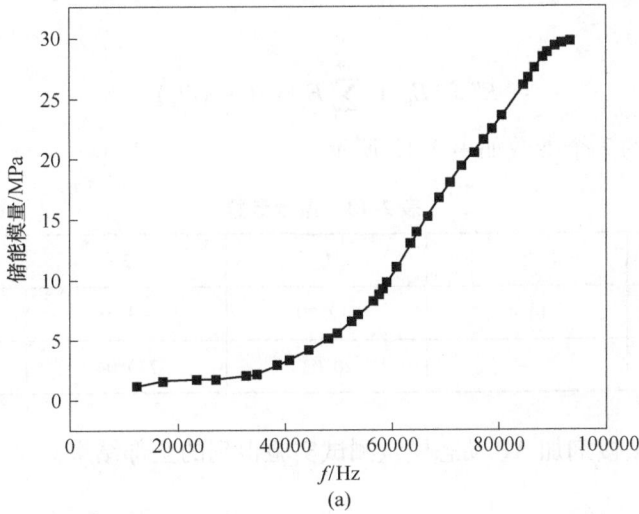

(a)

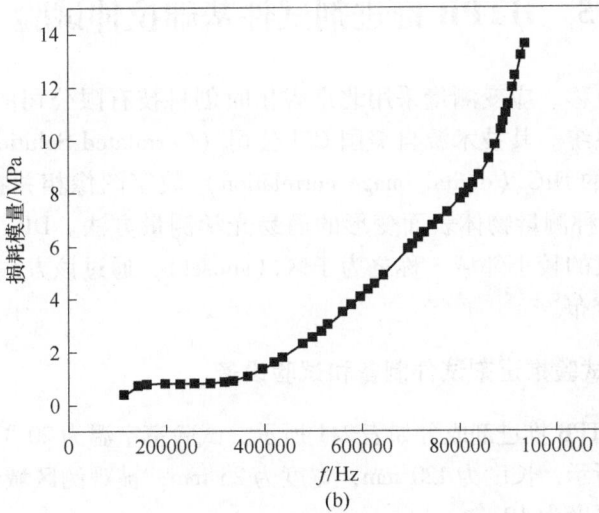

(b)

图 2-11 储能模量和损耗模量拟合图

(a) 储能模量拟合图；(b) 损耗模量拟合图

式（2-46）中的 7 个参数如表 2-12 所示。

表 2-12　拟合参数

序号 i	0	1	2	3
E_i	29.825	-4.639	-12.577	-11.222
t_i	—	21.66	848.331	37064.5

损耗模量 Prony 级数拟合图如图 2-11(b) 所示，损耗模量 Prony 级数拟合公式为：

$$E'' = E_0 + \sum_{i=1}^{3} E_i \exp(-x/t_i) \tag{2-47}$$

式（2-47）中的 7 个参数如表 2-13 所示。

表 2-13　拟合参数

序号 i	0	1	2	3
E_i	14.4	-2.30	-3.28	-7.92
t_i	—	20.03	770.04	111695.49

以上就是粘接剂加 AP 动态模量测试实验得到的全部结果。

2.5　HTPB 推进剂试件基础拉伸试验

试件表面的位移、应变测量采用北京睿拓时创科技有限公司的 VIC-3D 非接触全场应变测量系统。其技术源自美国 CSI 公司（Corralated Solutions, Inc.）。

VIC-3D 所用的 DIC（digital image correlation）数字图像相关技术（图 2-12 和图 2-13），是一种测量物体表面变形的简易光学测量方法。DIC 追踪变形过程中具有灰度值图案的较小邻域，称之为子区（subset），通过该方法可计算出物体表面位移及应变分布。

2.5.1　基础拉伸试验推进剂试件制备和试验设备

拉伸试验用 HTPB 推进剂成分如表 2-1 所示。试验室室温为 20 ℃。拉伸试验试件尺寸如图 2-14 所示，长度为 120 mm，宽度为 25 mm，被观测区域长度为 70 mm，宽度为 10 mm，厚度为 10 mm。

试验室保存试件的温度为 20 ℃，将制作好的预制裂纹推进剂试件安装在万能试验机上，设定拉伸速率为 2 mm/min、10 mm/min 和 500 mm/min。

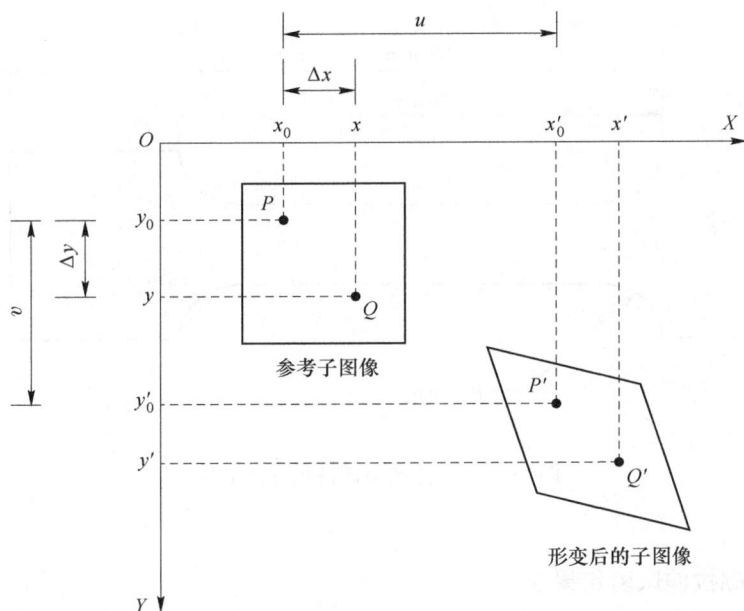

图 2-12 数字图像相关技术示意图

 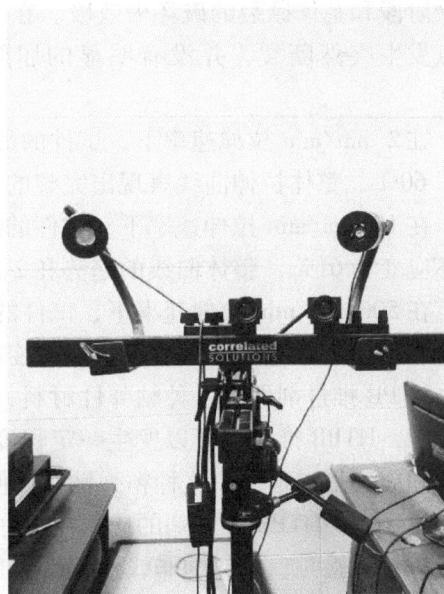

(a)   (b)

图 2-13 基础拉伸试验设备

(a) 微机控制电子万能试验机；(b) DIC 设备

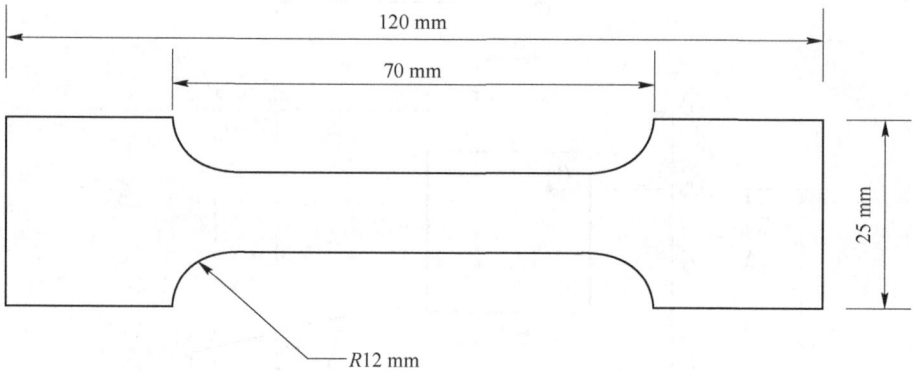

图 2-14　拉伸试验试件尺寸示意图

2.5.2　基础拉伸试验结果

从图 2-15 可以明显看出，在 2 mm/min 和 10 mm/min 拉伸速率下，应力-应变曲线均呈现典型的三阶段特点，即拉伸初始阶段的线性上升阶段、脱湿发生的屈服阶段和基体撕裂的破坏失效段。在 500 mm/min 拉伸速率下，试件在最大应变点发生突然断裂，并没有明显的屈服阶段，在其最大应变点直接发生断裂破坏。

在 2 mm/min 拉伸速率下，试件的最大应力达到了 400 kPa，最大拉伸应变超过了 60%，整体拉伸曲线表现出完整的屈服阶段。

在 10 mm/min 拉伸速率下，试件的最大拉伸应力也达到了 400 kPa，其最大破坏应变为 61%，整体曲线的趋势和 2 mm/min 速率下较为一致。

在 500 mm/min 拉伸速率下，试件的最大应力超过了 500 kPa，其最大破坏应变为 62%。三种速率下的极限破坏应变基本一致，并没有受到拉伸速率的影响。

HTPB 推进剂作为一种粘弹性材料，具有一定的延展性和回复能力。在拉伸过程中，HTPB 推进剂可以发生一定程度的塑性变形和能量吸收，从而缓解应力集中和应变集中现象。这种粘弹性特性使得 HTPB 推进剂在不同速率下的断裂应变相对一致。HTPB 推进剂的应力-应变曲线通常呈现出非线性行为，在多速率下进行拉伸试验时，材料的非线性特性可能会导致应变的分布在断裂前更加均匀，从而使得断裂应变相对一致。HTPB 推进剂的制备过程通常经过严格的控制，以确保材料的微观结构在不同批次之间保持一致。这包括聚合反应的条件、交联程度和分子链长度等因素。一致的微观结构有助于确保材料在不同速率下具有相似的断裂应变。在多速率拉伸下，HTPB 推进剂所受到的应变率也会随着加载速率

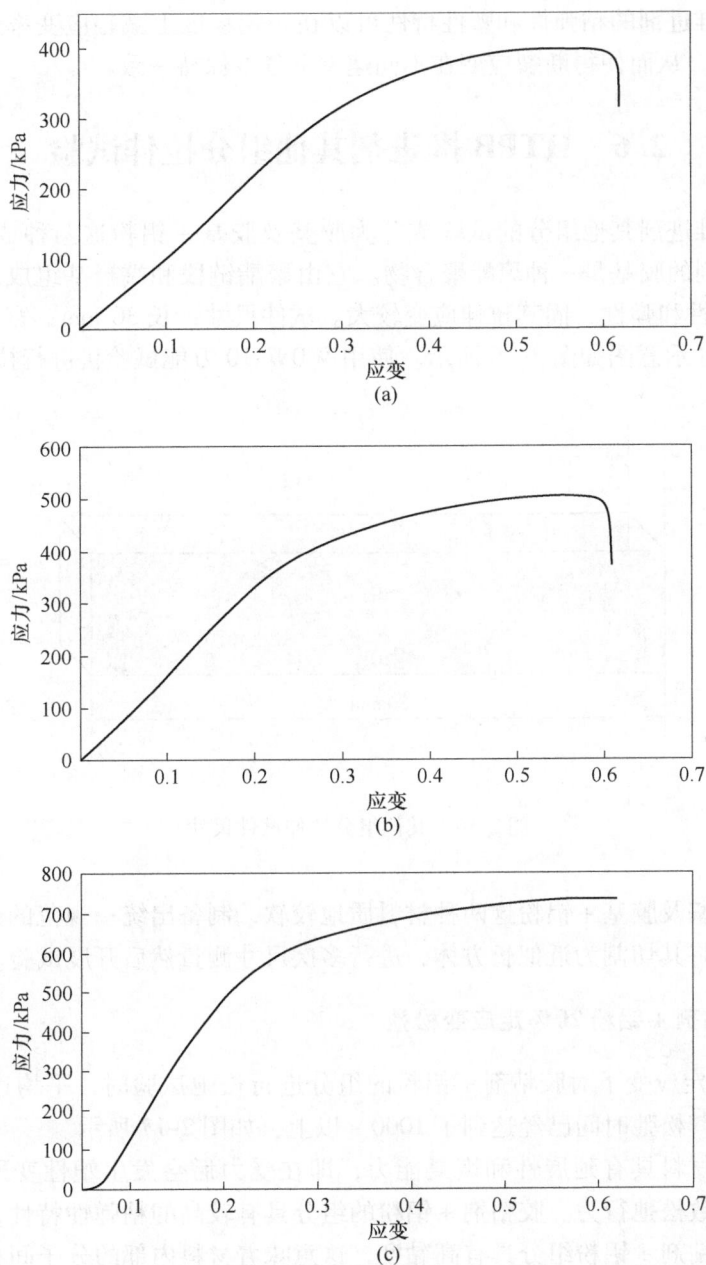

图 2-15 应力-应变关系
（a）2 mm/min 速率下应力-应变关系；（b）10 mm/min 速率下应力-应变关系；
（c）500 mm/min 速率下应力-应变关系

的变化而改变。在加载时，材料的应变率效应可能会显著影响其力学行为。然而，HTPB 推进剂的粘弹性和塑性特性可以在一定程度上减轻应变率效应对断裂应变的影响，从而使得断裂应变在不同速率下基本保持一致。

2.6　HTPB 推进剂其他组分拉伸试验

HTPB 推进剂其他组分的试验成分为胶基及胶基 + 铝粉这两种成分的试件。HTPB 推进剂的胶基是一种聚酯聚合物。它由聚酯链段和端羟基组成，因此具有良好的柔韧性和弹性，固其拉伸应变较大。试件尺寸：长 30 mm，宽 20 mm，厚 10 mm，尺寸示意图如图 2-16 所示。使用 WDW-10 万能试验机进行拉伸试验。

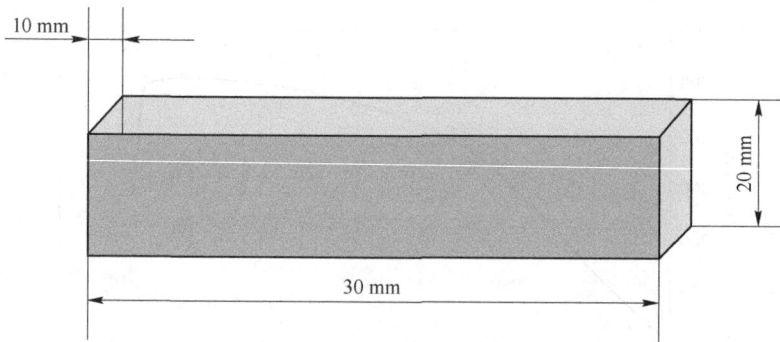

图 2-16　其他组分拉伸试件尺寸

由于胶基及胶基 + 铝粉这两种材料质地较软，制备出统一规范的试验试件比较难，只能将其切割为近似长方体，进行多次尺寸测量然后开展试验。

2.6.1　胶粘剂 + 铝粉 20% 定应变松弛

在 20% 定应变下对胶粘剂 + 铝粉的组分进行松弛试验时，平均达到 0.25 N 力的时候，其松弛时间已经达到了 1000 s 以上，如图 2-17 所示。

粘弹性材料具有延展性和恢复能力，即在受力后会发生塑性变形和能量耗散，从而导致松弛行为。胶粘剂 + 铝粉的组分具有较高的粘弹性特性，松弛时间会更长。胶粘剂 + 铝粉组分具有高黏度，这意味着材料内部的分子间相互作用和粘附力较强。这种情况下，松弛过程需要克服较大的分子间相互作用力和粘附力，因此松弛时间会延长。胶粘剂 + 铝粉组分具有高相对分子质量，其分子链长度较长，松弛过程中需要更长的时间来调整和重新排列分子链，这也会导致松弛时间延长。

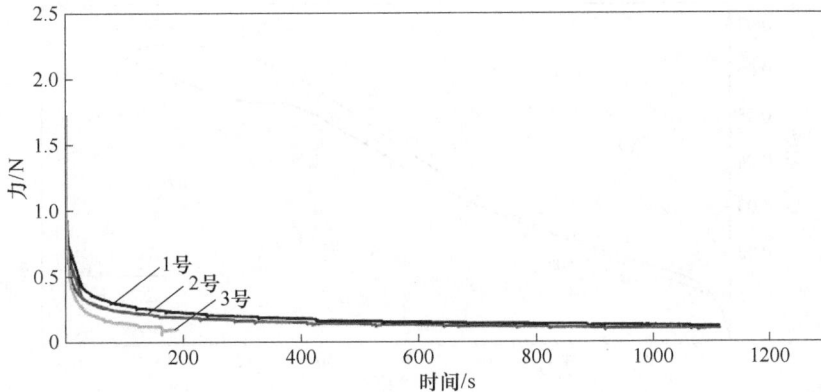

图 2-17　胶粘剂 + 铝粉的组分松弛试验

2.6.2　胶粘剂 + 胶基 + 铝粉等组分拉伸数据处理结果

对胶粘剂组分进行 100 mm/min 拉伸速度拉伸的时候，极限应力达到了 0.06 MPa，且试件的重复性较好。对胶粘剂组分以 300 mm/min 拉伸速度进行拉伸时，极限应力达到了 0.06 MPa，且试件的重复性较好。对胶粘剂组分以 500 mm/min 拉伸速度进行拉伸时，极限应力达到了 0.09 MPa，且试件的重复性较好，如图 2-18 所示。

对胶基 + 铝粉组分以 100 mm/min 拉伸速度进行拉伸时，极限应力达到了 0.025 MPa，且试件的重复性较好。对胶基 + 铝粉组分以 300 mm/min 拉伸速度进行拉伸时，极限应力达到了 0.030 MPa，且试件的重复性较好。对胶基 + 铝粉组分以 500 mm/min 拉伸速度进行拉伸时，极限应力达到了 0.05 MPa，且试件的重复性较好，如图 2-19 所示。

从胶粘剂在不同拉伸速度下的应力-应变曲线可以看出：随着拉伸速度的增大，胶粘剂应变呈现增大趋势，而且极限应力也增大。极限应变基本不受拉伸速度影响，但是数值较大，不同拉伸速度下，极限应变均在 1000% 以上。

从胶粘剂 + 铝粉试件在不同拉伸速度下的应力-应变曲线可以看出：随着拉伸速度的增大，试件所能承受的极限应力明显增大，而且拉伸速度越快，极限应力增大趋势越快。另外，极限应变明显增大的趋势也相当明显，数值均在 600% 以上。

从胶粘剂和胶粘剂 + 铝粉这两种材料的 100 mm/min 拉伸曲线可以看出：两者初始模量基本一致。随着应变的增加，胶粘剂应力以一定斜率持续增大。而胶粘剂 + 铝粉试件的应力-应变曲线则更类似于理想塑性模型，即应变持续增大，

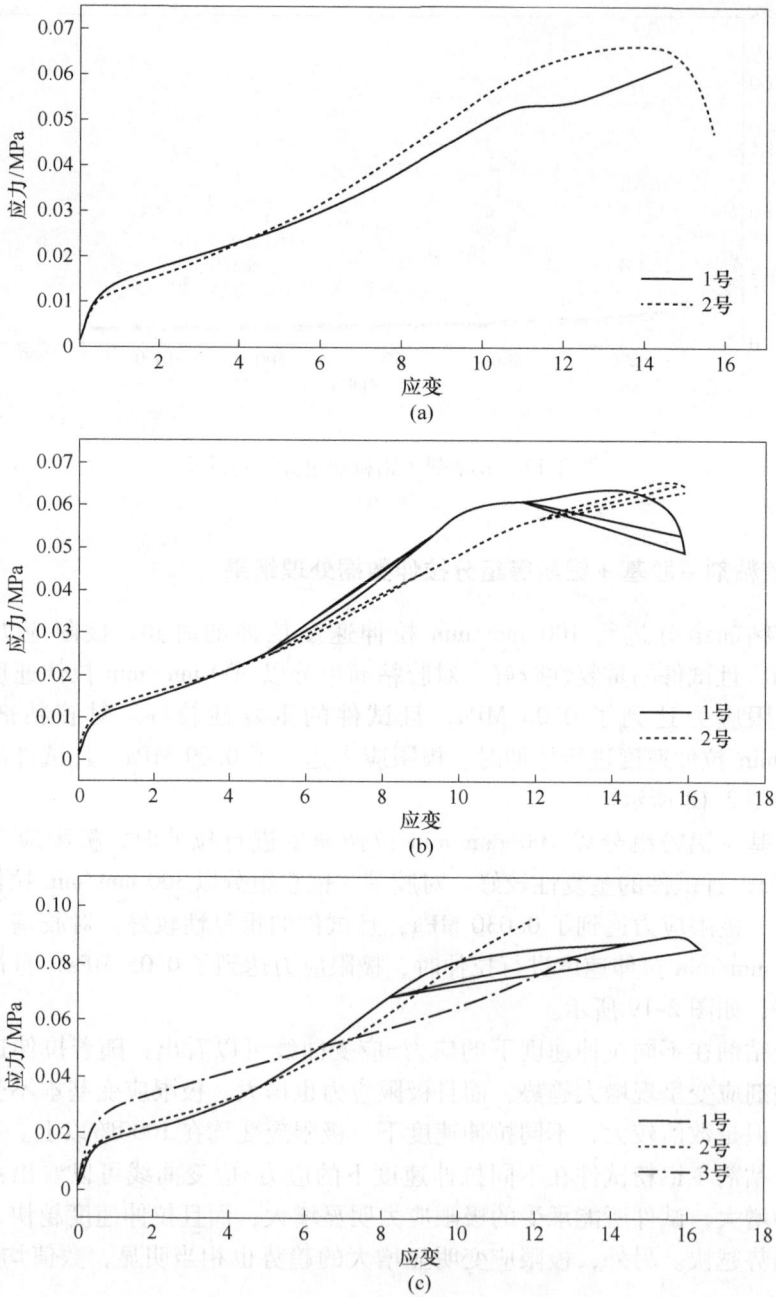

图 2-18　胶粘剂拉伸应力-应变关系

（a）100 mm/min 拉伸速率下胶粘剂应力-应变关系；（b）300 mm/min 拉伸速率下胶粘剂
应力-应变关系；（c）500 mm/min 拉伸速率下胶粘剂应力-应变关系

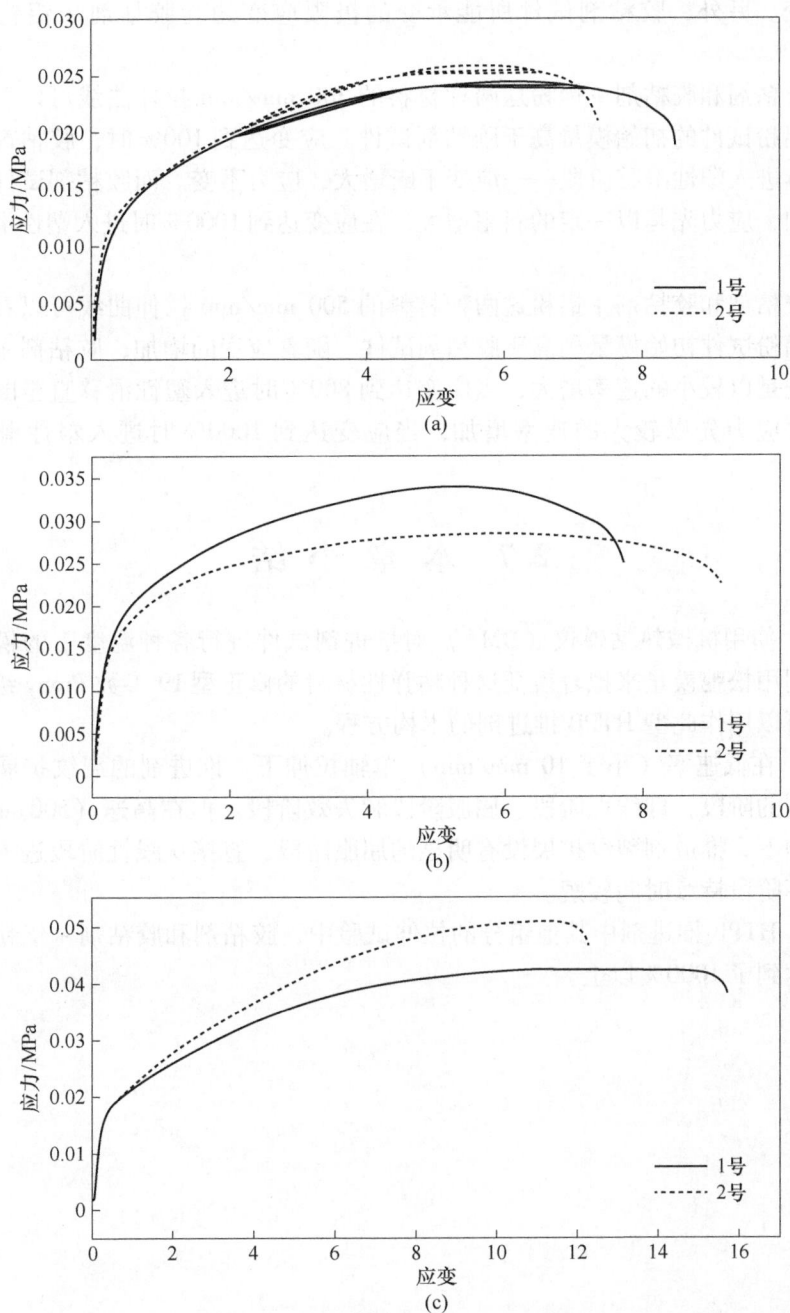

图 2-19　胶基 + 铝粉拉伸应力-应变关系

（a）100 mm/min 拉伸速率下胶基 + 铝粉应力-应变关系；（b）300 mm/min 拉伸速率下胶基 + 铝粉
应力-应变关系；（c）500 mm/min 拉伸速率下胶基 + 铝粉应力-应变关系

应力不变。另外,胶粘剂试件所能承受的极限应变约为胶粘剂 + 铝粉试件的 2 倍。

从胶粘剂和胶粘剂 + 铝粉这两种材料的 300 mm/min 拉伸曲线可以看出:胶粘剂 + 铝粉试件的初始模量高于胶粘剂试件。应变达到 100% 时,胶粘剂 + 铝粉试件基本进入塑性滑移阶段——应变不断增大,应力不变。而胶粘剂试件随着应变的增加,应力先是以一定的斜率增大,在应变达到 1000% 时进入塑性滑移直至断裂。

从胶粘剂和胶粘剂 + 铝粉这两种材料的 500 mm/min 拉伸曲线可以看出:胶粘剂 + 铝粉试件初始模量稍高于胶粘剂试件。随着应变的增加,胶粘剂 + 铝粉试件应力先是以较小的速率增大,当应变达到 800% 时进入塑性滑移直至断裂。胶粘剂试件应力先以较大的速率增加,当应变达到 1000% 时进入塑性滑移直至断裂。

2.7　本章小结

(1) 使用机械热粘弹仪 (DMA) 对推进剂试件进行各种温度下的松弛模量测试,利用松弛模量来拟合表征这种粘弹性材料的修正型 19 参数 Prony 级数本构模型,可以用作此型 HTPB 推进剂的本构方程。

(2) 在低速率 (小于 10 mm/min) 单轴拉伸下,推进剂的裂纹扩展表现出三个不同的阶段,即线性阶段、屈服阶段和失效阶段。但在高速 (500 mm/min) 单轴拉伸下,推进剂裂纹扩展没有明显的屈服阶段,直接从线性阶段进入破坏阶段,破坏阶段持续时间较短。

(3) HTPB 推进剂中其他组分的拉伸试验中,胶粘剂和胶粘剂 + 铝粉的极限应变均达到了 1000% 以上。

3　HTPB 推进剂正弦扫频动力学研究

3.1　振动问题的三种基本类型

一般的振动问题包括激励（输入）、振动结构（系统）和响应（输出）三个要素，如图 3-1 所示。根据研究目的的不同，可以将一般的振动问题分为以下三种类型[92]。

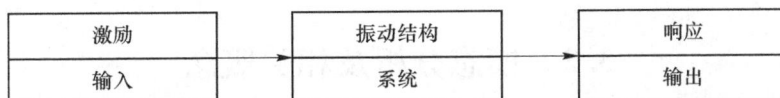

激励	振动结构	响应
输入	系统	输出

图 3-1　振动问题分类

（1）已知激励和振动结构，求系统响应。系统动力响应分析是最早、最广泛研究的振动问题之一，也称为正问题。当人们发现静力分析无法满足产品设计要求时，开始详细研究基于动力学理论的系统动力响应问题。该方法通过对振动结构进行简化，建立可求解的数学模型，根据已知载荷条件，采用一定的数学方法求解振动结构上关注点的位移、应力、应变等结果，从而对已设计的振动结构进行考核。如果设计不满足动态要求，则需要进行结构修改。这种基本分析方法至今仍广泛应用于工程问题中，特别是基于线性模型假设的振动理论，已经发展成熟，许多工程问题都可以使用这种理论得到满意的结果。

在工程中，有限元法（FEM）是求解系统动力学响应最成功、最实用的方法之一。该方法通过对振动结构进行离散化，并采用适当的边界条件和连接条件，可以容易地求解各种复杂结构在复杂激励作用下的响应。如果模型合理，可以得到比较满意的结果。这为振动理论的实用化提供了有利条件，特别是可以仅凭借图纸方便地得到振动结构修改后的动态效果。

（2）已知激励和响应，求系统参数。系统辨识是一类涉及振动问题的反问题[93]。尽管可以通过已知的激励和振动结构来求解响应，但在许多情况下响应结果并不能满足要求，这时就需要对结构进行修改。然而，结构修改常常仅凭经验，存在盲目性，并且效果不一定理想，常常需要多次反复尝试才能达到满意的结果。虽然有限元法是一种很有用的结构修改工具，但有限元初始建模往往存在误差。因此，人们开始研究根据激励和响应反推振动结构参数的规律和方法。在大多数问题中，输入、系统和输出三者之间具有确定性关系，但少数非线性问题并不存在这种确定性关系。因此，通常以一定的假设为前提（例如线性、定常、稳定假设），以线性振动理论为基础研究各种系统重构的方法。当然，这些方法的实施需要依赖其他理论和方法。

（3）已知系统和响应，求激励。这是另一类振动反问题，即在车辆、船舶、飞机、建筑物等运行或遭遇自然灾害引起振动的情况下，已知振动结构和动力学响应，但无法准确确定激励的情况。为了进一步研究结构的动力响应，需要通过确定激励来推断结构的振动情况。这种情况下，通常需要使用统计特性来描述环境条件，以进行环境预测或模拟。另外还有一些问题，例如旋转机械振动和爆炸冲击引起的振动，也无法准确得知激励的情况，需要通过结构和响应来推断激励，这种问题也称为载荷识别[94]。

3.2   模态分析及相关概念

模态分析是以振动理论为基础，并以模态参数为目标的一种分析方法[95]。它的研究对象包括系统的物理参数模型、模态参数模型和非参数模型，旨在确定这些系统模型之间的关系，并通过一定手段确定它们的理论和应用。因此，模态分析是一个研究系统振动特性的学科。

根据振动结构的非线性程度，可以将系统分为线性系统和非线性系统，从而进行线性系统识别和非线性系统识别。传统的模态分析仅适用于线性系统识别，即线性模态分析。近年来，越来越多的人开始研究非线性模态分析问题，但是该领域远未达到线性模态分析那样成熟的地步。由于线性模态分析在处理非线性系统时存在很大误差，因此基于非线性振动理论的非线性模态分析将会越来越受到重视。

根据使用的手段和方法不同，模态分析可以分为理论模态分析[96]和实验模态分析[97]。理论模态分析也称为模态分析的理论过程，是以线性振动理论为基础，研究激励、振动结构和响应之间的关系。这意味着已知物理参数模型，然后通过一定的理论和方法来计算模态参数模型和非参数模型。

模态分析是一种通过不同的手段和方法来进行研究的技术，可分为理论模态分析和实验模态分析。其中，理论模态分析又称为模态分析的理论过程。它是以线性振动理论为基础，通过研究激励、振动结构与响应之间的关系，来求解已知物理参数模型的模态参数模型和非参数模型。简单来说，就是通过一定的理论和方法来分析振动系统的特性和响应情况。

实验模态分析（EMA）是一种通过实验测量系统的激励和响应时间历程，

并利用数字信号处理技术获得频响函数、脉冲响应函数、响应功率谱或相关函数，从而得到系统非参数模型的过程，如图 3-2 所示。随后，使用参数识别方法来求得系统的模态参数，最终可进一步确定系统的物理参数。该方法综合了线性振动理论、动态测试技术、数字信号处理和参数识别等手段，用于系统识别。可以说，实验模态分析是理论模态分析的逆过程。

```
┌─────────────┐     ┌─────────────┐     ┌─────────────┐
│  非参数模型  │ ──→ │ 模态参数模型 │ ──→ │ 物理参数模型 │
└─────────────┘     └─────────────┘     └─────────────┘
```

图 3-2　实验模态分析

模态分析是一种理论建模方法，它通过使用有限元法将振动结构进行离散化，并建立系统的特征值问题数学模型。然后，使用各种近似方法求解系统的特征值和特征向量。由于阻尼难以准确处理，因此通常在处理小阻尼系统时不考虑阻尼，得到的特征值和特征向量即为系统的固有频率和固有振动向量。研究推进剂在动态激励下的力学响应可以更好地理解其结构特性、预测其力学性能和优化其应用。

3.3　HTPB 推进剂悬臂梁正弦扫频试件制备、设备和方法

正弦振动试验分为定频试验和扫频试验，扫频试验又分线性和对数两种扫频方式。试验过程中，频率始终不变的即定频试验。试验过程中，频率随时间变化的即扫频试验，扫频试验中振动量级是频率的函数。扫频试验根据频率变化的类型又分线性扫频和对数扫频。线性扫频频率变化是线性的，对数扫频频率变化按对数变化。

正弦扫频振动试验是按照规定的振动量级，在一定频率范围内连续改变振动频率来激励试验件。其振动频率的变化率称为扫描速率。

试验激振频率 f、试验时间 t 和扫描速率 β 的关系在线性扫频中表示为[98]：

$$\mathrm{d}f/\mathrm{d}t = \beta \text{（常数）} \tag{3-1}$$

在对数扫频中表示为：

$$\mathrm{d}(\ln f)/\mathrm{d}t = \beta \text{（常数）} \tag{3-2}$$

将振动试验的起始频率记为 f_0，起始时间记为 t_0，利用式（3-2）可得到对数扫频试验的实时频率和时间 t 的关系为：

$$f = f_0 \times \mathrm{e}^{\beta(t - t_0)} \tag{3-3}$$

激振频率 f 与时间 t 在线性扫频和对数扫频试验中均有比较简单的函数关系，

正弦扫频试验中的频率扫描规律是已知的，只有起始时间 t_0 是由数据采集器定义的，只需确定 t_0 就能按照频率扫描规律计算出任意时刻的激振频率。

推进剂在公路运输振动测试时，尺寸非常大，实验室若是和实际测试完全一样的话，无法获取或者制作全尺寸试件，结合文献遂采取文中长方体试件。在进行正弦扫频激励时，若约束形式是简支梁，则整个试件不容易起振，再结合其他学者[99] 做过的粘弹性悬臂梁试件动力学试验，故采取约束形式为悬臂梁的试件。试验用 HTPB 推进剂成分如表 2-1 所示。试验室室温为 20 ℃。制作悬臂梁试件尺寸为（长 × 宽 × 高）150 mm × 40 mm × 10 mm，如图 3-3 所示。

试验主台架为自制实验台，布置示意图如图 3-4 所示，与地面用螺栓刚性连接，试验台上放置激振器，激振器设备包含 SIEMENS TESTLAB 主机、信号放大器。

图 3-4 对应的是粘弹性悬臂梁的夹持状态，自左向右分别为 5 个来自 PCB 公司的传感器，其中 1 ~ 4 号为加速度传感器，5 号为力传感器和加速度传感器（分布于上下面），力传感器在激振发生源头，故其可作为输入激振力的标准。夹持装置与粘弹性悬臂梁试件、实验台以及地面均为刚性连接。正弦扫频试验示意图如图 3-5 所示。

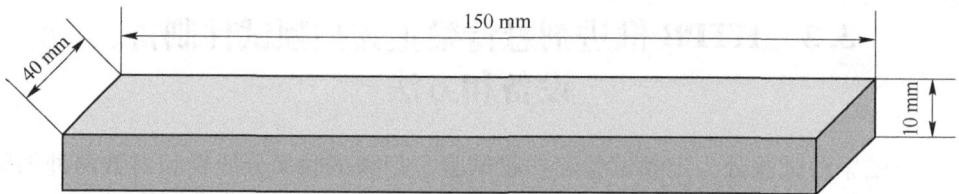

图 3-3　悬臂梁试件尺寸

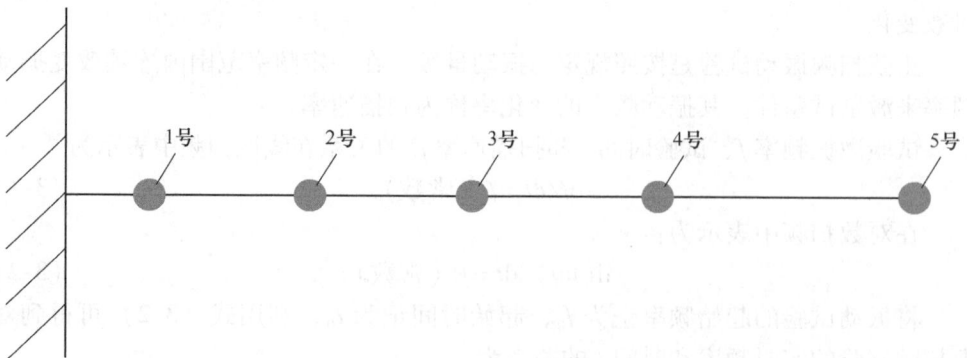

图 3-4　传感器布置示意图

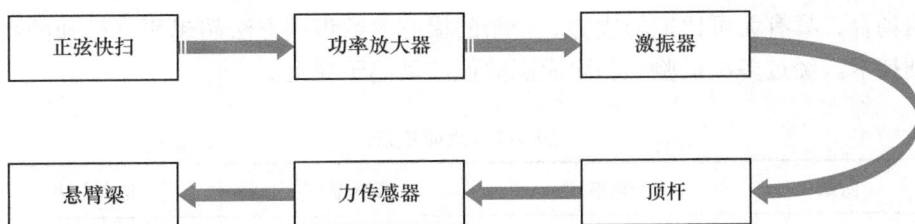

图 3-5　正弦扫频试验示意图

3.4　试验和仿真结果分析

3.4.1　试验和仿真结果数据对比分析

由于固体火箭发动机工作时的频率在 100 Hz 以内，所以在 SIEMENS TESTLAB 中，设定的最大频率为 30 Hz，光谱线为 1024，分辨率为 0.0781250 Hz，捕捉时间为 10 s，循环次数为 30 次，之后进行正弦扫频激励实验。5 号点为加速度传感器和力传感器布置点，在 SIEMENS TESTLAB 中读取到信息，经过矩形加窗后得到如图 3-6 所示的数据，作为有限元瞬态（transient structure）分析的基准力输入。其中输入力最大为 2.589 N。

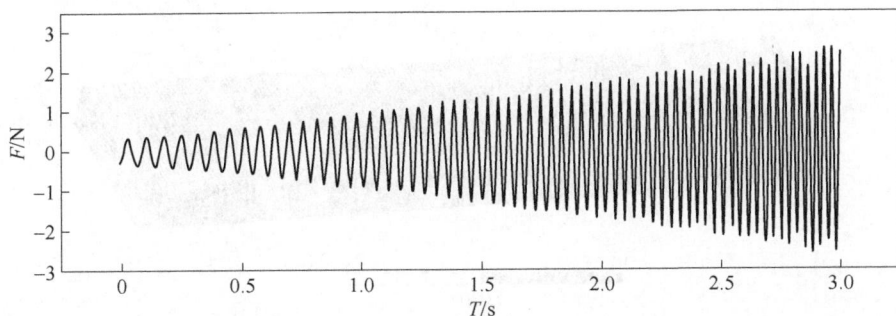

图 3-6　输入力值

经过 SIEMENS TESTLAB 配套计算机软件进行计算和处理后得到如表 3-1 所示的六阶模态，其中 PolyMAX 方法是该软件内置的一种算法，PolyMAX 方法为 SIEMENS 公司最新开发的和最先进的模态参数识别方法，它是基于加权的最小二乘法 MIMO 传递函数的模态参数领域识别方法，优势是可以在稳定图上非常方便和清晰地选择和识别系统极点和参与因子。对于用于密集模态和高阻尼结构的使用场合，具有无可比拟的优势。全新的模态参数识别方法超越所有已知的参数识别技术。经过多次试验，各阶模态数值波动趋于稳定。

表 3-1　六阶模态

阶数	频率/Hz	衰减率/%	拟合方法
1	8.08	3.35	PolyMAX
2	17.30	3.75	PolyMAX
3	85.31	2.98	PolyMAX
4	148.04	4.22	PolyMAX
5	169.60	4.55	PolyMAX
6	238.06	3.97	PolyMAX

　　由于是低频实验，只需考虑前两阶频率即可，所以正弦扫频激励实验的最大频率设定为 30 Hz。

　　几何模型通过有限元软件的画图功能实现，模型长度为 150 mm，宽度为 40 mm，高度为 10 mm，本构方程为前文得到的 Prony 级数本构方程。单元划分全部采用六面体实体单元，在有限元软件中划分网格数为 64000，节点数为 281621，如图 3-7 所示，在此基础上计算收敛性较好。

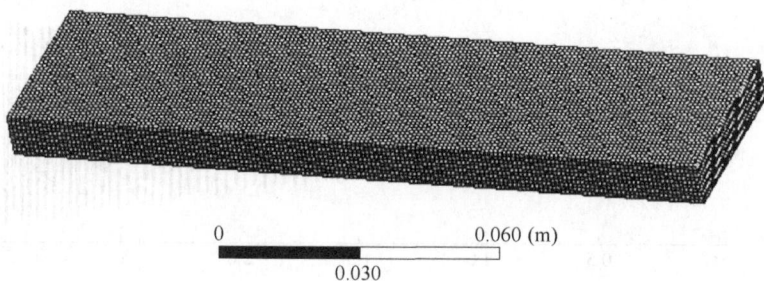

0　　　　　　　　　0.060 (m)
0.030

图 3-7　有限元网格示意图

　　把 SIEMENS TESTLAB 的 5 个点的实测加速度值导出，与有限元软件仿真的 5 个点的加速度值进行对比。如图 3-8 和表 3-2 所示，在时域下，1 号点的加速度仿真值与实测值吻合较好，其实测加速度峰值为 1.8175 m/s^2，仿真加速度峰值为 1.6637 m/s^2，加速度峰值误差为 8.46%。2 号点的仿真值与实测值吻合程度较好，实测加速度峰值为 5.3834 m/s²，仿真加速度峰值为 4.9229 m/s²，仿真加速度峰值与实测加速度峰值误差为 8.55%。3 号点的实测加速度峰值为 9.3322 m/s²，仿真加速度峰值为 8.5385 m/s²，其加速度峰值误差为 8.51%。4 号点在前 4 秒加速度仿真值与实测值吻合度良好，实测加速度峰值为 11.6966 m/s²，仿真加速度峰值为 10.7007 m/s²，且误差为 8.51%。5 号点，实测加速度峰值为 12.8923 m/s²，仿真加速度峰值为 12.6407 m/s²，其加速度峰值误差为 1.95%，与实测加速度峰值出现的时间吻合。

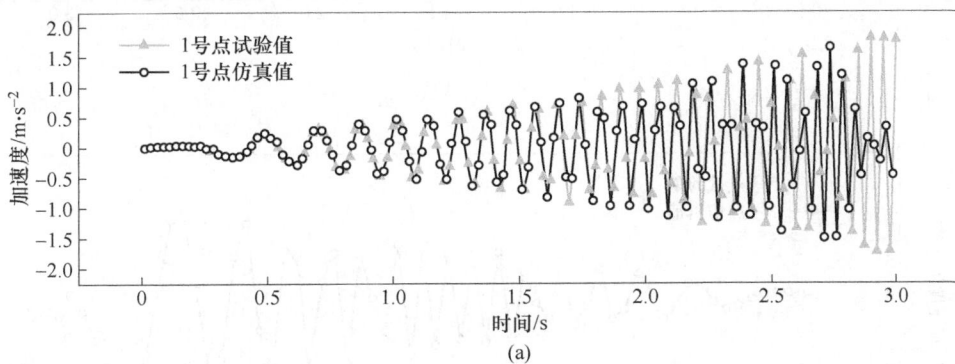

(a)

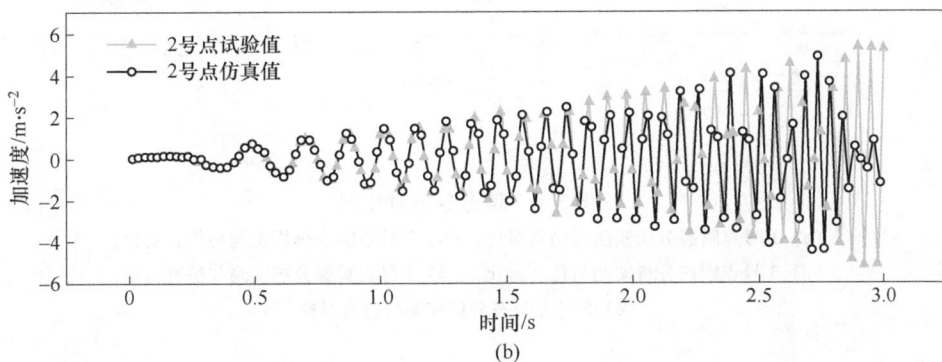

(b)

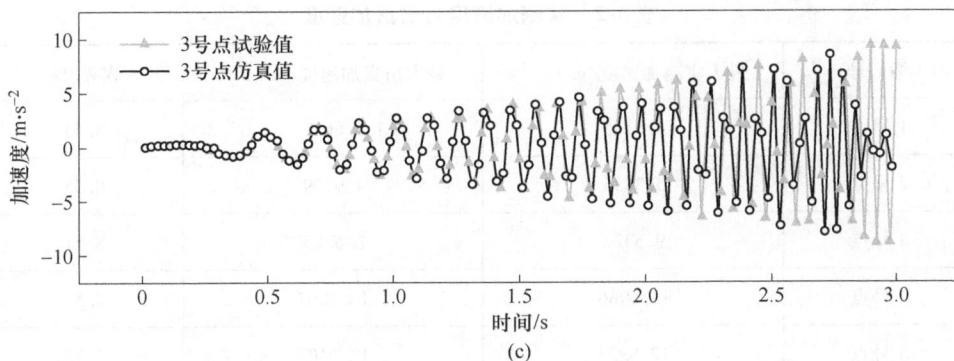

(c)

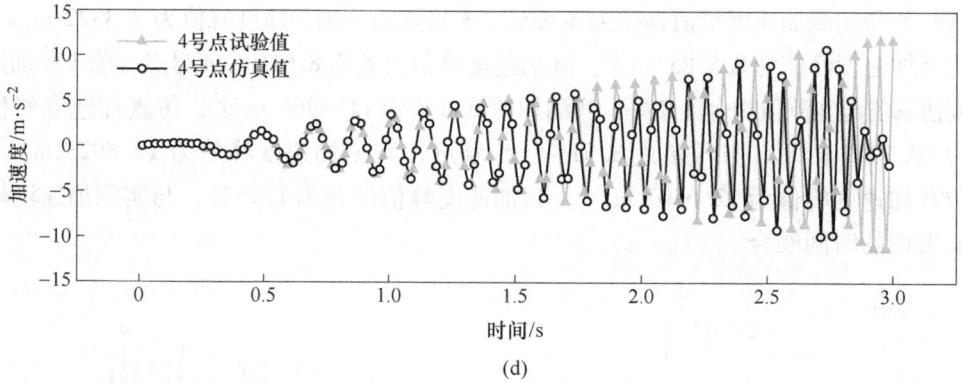

(d)

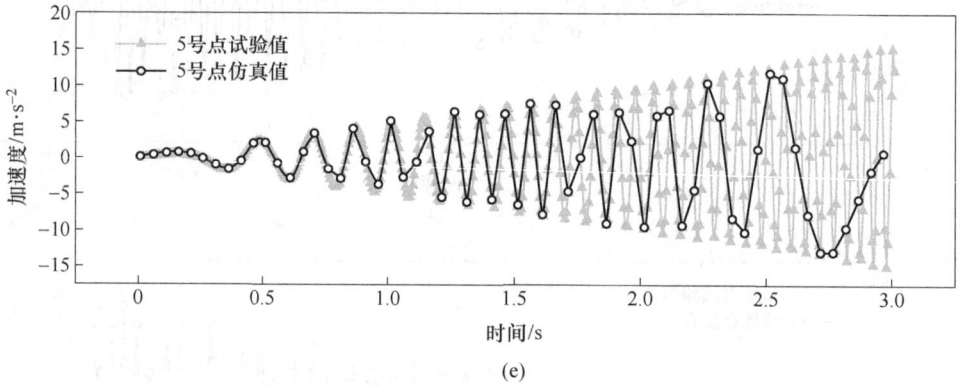

(e)

图 3-8　瞬态分析对比图

（a）1号点瞬态分析实测与仿真对比；（b）2号点瞬态分析实测与仿真对比；
（c）3号点瞬态分析实测与仿真对比；（d）4号点瞬态分析实测与仿真对比；
（e）5号点瞬态分析实测与仿真对比

表 3-2　实测加速度与仿真加速度

编　号	最大实测加速度/$m \cdot s^{-2}$	最大仿真加速度/$m \cdot s^{-2}$	误差/%
1号点	1.8175	1.6637	8.46
2号点	5.3834	4.9229	8.55
3号点	9.3322	8.5385	8.51
4号点	11.6966	10.7007	8.51
5号点	12.8923	12.6407	1.95

3.4.2 试验和仿真结果统计对比分析

使用 MSE[100]（平均平方误差）对 2 号点和 4 号点的实测和仿真加速度值进行统计分析，采样数据统计到 5 s，采样频率到 60 Hz。

平均平方误差是对于无法观察的参数 θ 的一个估计函数 T，其定义为：

$$MSE(T) = E(T - \theta)^2 \tag{3-4}$$

式中，MSE 为误差的平方的期望值。方差计算结果如表 3-3 和表 3-4 所示。对前 3 秒方差数据进行误差分析，2 号点的误差分别为 5.50%、2.59% 和 8.25%，总体误差均小于 10%。对 4 号点进行分析，其前三秒的误差分析分别为 5.44%、4.04% 和 2.74%，其误差均小于 10%。

表 3-3　2 号点试验值与仿真值方差对比

时间	试验值 MSE	仿真值 MSE	误差/%
0 ~ 1 s	0.1510	0.1593	5.50
1 ~ 2 s	0.6116	0.6274	2.59
2 ~ 3 s	2.1954	2.0142	8.25
3 ~ 4 s	5.4982	6.2556	13.77
4 ~ 5 s	12.3503	10.8819	11.89

表 3-4　4 号点试验值与仿真值方差对比

时间	试验值 MSE	仿真值 MSE	误差/%
0 ~ 1 s	0.8674	0.9146	5.44
1 ~ 2 s	3.3261	3.4605	4.04
2 ~ 3 s	10.5422	10.2535	2.74
3 ~ 4 s	23.4511	27.2469	16.19
4 ~ 5 s	39.7007	34.1986	13.86

2 号点和 4 号点的试验和仿真 MSE 误差在第 3 秒后都开始大幅度上升，均超过 10%。如图 3-9 所示，在对 MSE 和 MSE 误差分析后可以得出推进剂试件在 30 Hz 内的响应良好，可以认为该本构方程可以良好地描述低频下的动力学响应。

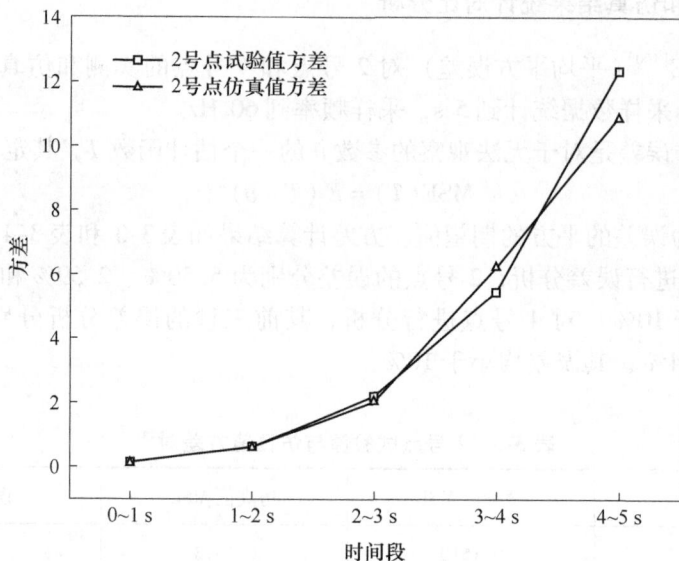

(a)

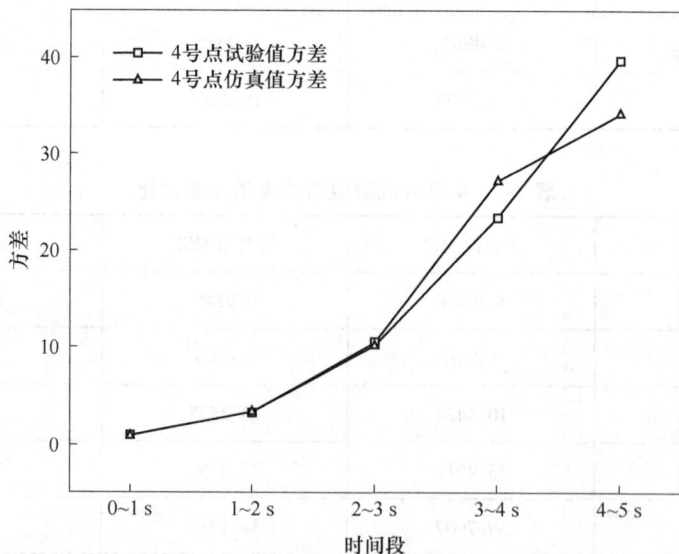

(b)

图 3-9　方差对比

(a) 2 号点方差对比；(b) 4 号点方差对比

3.5　本 章 小 结

　　通过实测 HTPB 推进剂悬臂梁试件在正弦扫频激励实验中测点的加速度响应，与有限元软件的仿真结果进行对比，时域下整体加速度峰值误差不超过 10%，可以认为该修正型 19 参数 Prony 级数本构模型可以描述低频（小于 30 Hz）下的动力学响应。

4 HTPB 推进剂预制裂纹损伤研究

工具或结构的破裂和失效一直是人类社会关注的问题，损坏的工具或破裂的结构可能会造成严重的后果。现代系统中的问题高度复杂，例如不幸的客机失事事件比过去几个世纪发生的概率要大得多。断裂力学领域的进步有助于抵消一些潜在的危险，当然在应用时还有较长的路需要走。

断裂力学中的裂纹分析方法一直在不断发生的事故中改进，这些事故的分析对断裂力学的裂纹研究提出了更高的要求。1988 年，波音 737 飞机[101]在飞行过程中，多处由于疲劳引起的裂纹连接在一起形成了一个巨大的裂纹，造成一名乘客死亡和多名乘客受伤。1994 年 11 月，南加州发生 6.7 级地震，损坏了钢框架建筑中的许多焊接梁柱接头，接头设计为通过塑性变形吸收能量，但却发生了脆性断裂[102]。又如，1998 年，时速 280 公里的德国城际快车（ICE）列车坠毁，造成数百人伤亡和巨大破坏。如 Esslinger 等人所述，事故原因是裂纹导致的轮胎脱落。综上所述，研究材料的断裂及其裂纹扩展十分有必要。

预制裂纹损伤会降低材料的强度和韧性，从而导致 HTPB 推进剂的失效。因此，通过研究预制裂纹损伤，可以确定和评估缺陷对材料性能的影响，以便改进制造和处理过，提高推进剂的可靠性和性能；通过对预制裂纹损伤的研究，可以发现并修复或控制这些缺陷，减少推进剂失效的可能性，从而降低设备的失效率；预制裂纹损伤可能导致 HTPB 推进剂的爆炸或燃烧，从而威胁人员的安全。通过对预制裂纹损伤的研究，可以识别潜在的危险因素，并采取适当的措施来减少事故发生的可能性，从而提高推进剂的安全性；预制裂纹损伤会导致材料的失效，从而增加维修和更换的成本。通过研究预制裂纹损伤，可以优化材料制造和处理过程，减少缺陷数量和失效率，降低推进剂的维护成本，从而提高其经济性。

4.1 断裂力学理论

4.1.1 应力强度因子的定义

Irwin[103]在 1957 年提出了应力强度因子 K（SIF）的概念，作为一个描述奇点强度的度量，他说明裂纹尖端周围的所有弹性应力场分布相似，局部应力强度被 $K \propto \sqrt{\pi r}$ 控制。裂纹示意图如图 4-1 所示。

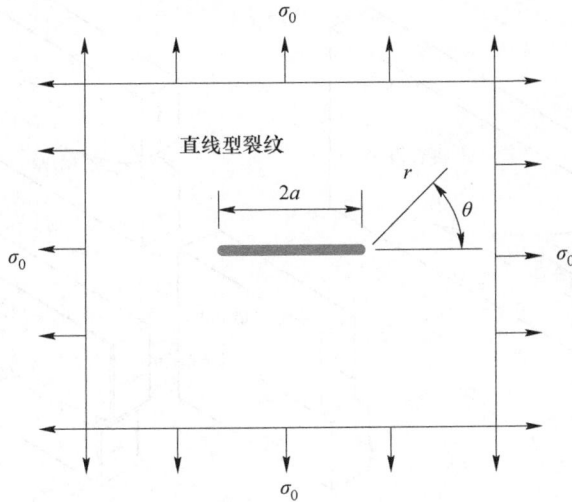

图 4-1　裂纹示意图 I

由 Meguid[104] 在 1989 年提出的直线型裂纹的应力解如下：

$$\sigma_{xx} = \sigma_0 \sqrt{\frac{a}{2r}} \cos \frac{\theta}{2} \left(1 - \sin \frac{\theta}{2} \sin \frac{3\theta}{2} \right) + \cdots \tag{4-1}$$

$$\sigma_{yy} = \sigma_0 \sqrt{\frac{a}{2r}} \cos \frac{\theta}{2} \left(1 + \sin \frac{\theta}{2} \sin \frac{3\theta}{2} \right) + \cdots \tag{4-2}$$

$$\sigma_{xy} = \sigma_0 \sqrt{\frac{a}{2r}} \sin \frac{\theta}{2} \cos \frac{\theta}{2} \cos \frac{3\theta}{2} + \cdots \tag{4-3}$$

由上式导出得到：

$$\sigma_{ij} = r^{-\frac{1}{2}} \left\{ K_{\mathrm{I}} f_{ij}^{\mathrm{I}} (\theta) + K_{\mathrm{II}} f_{ij}^{\mathrm{II}} + K_{\mathrm{III}} f_{ij}^{\mathrm{III}} \right\} + 高阶 \tag{4-4}$$

式中，σ_{ij} 为近裂纹尖端应力；K_{I}、K_{II}、K_{III} 为与裂纹表面的三种独立运动模式相关的应力强度因子，分别对应如图 4-2 所示的三种裂纹情况。

然后导出得到：

$$K_{\mathrm{I}} = \lim_{r \to 0, \theta = 0} \sigma_{yy} \sqrt{2\pi r} \tag{4-5}$$

$$K_{\mathrm{II}} = \lim_{r \to 0, \theta = 0} \sigma_{xy} \sqrt{2\pi r} \tag{4-6}$$

$$K_{\mathrm{III}} = \lim_{r \to 0, \theta = 0} \sigma_{yz} \sqrt{2\pi r} \tag{4-7}$$

类似于将现有应力与材料许用应力/强度进行比较的传统材料强度理论，断裂力学指出当应力强度因子 K 达到临界值 K_c 时发生不稳定断裂，称为断裂韧性，它描述了材料在裂纹尖端受到一定应力场的情况下，能够抵抗裂纹扩展并保持稳定的潜力。

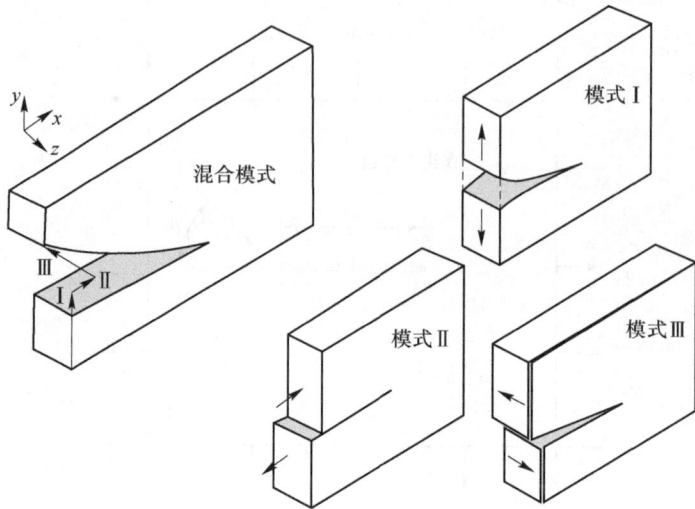

图 4-2　裂纹示意图 Ⅱ

4.1.2　Griffith 能量理论

Griffith[105] 通过对不同直径的玻璃棒进行一系列实验，研究固体的理论强度，发现玻璃的拉伸强度会随着直径的增加而降低。他发现，与固有材料特性不同的因素导致了拉伸强度与尺寸之间的依赖关系。在研究椭圆孔问题的解决方案时，Ashish 等[106] 提出了一种观点，即固体材料的理论强度必须考虑内部缺陷的影响，从而导致其强度降低。换句话说，他假设材料的理论强度应与集中应力场相关，而这种集中应力场的强度远高于材料的平均应力或理想无缺陷状态下的应力场。这一理论强调了在实际应用中，材料强度的评估需要考虑内部缺陷对应力分布的影响。Griffith 没有使用基于应力的准则来描述固体材料的失效，而是根据裂纹体的总能量变化以及裂纹长度的增加来推导出断裂的热力学准则。他的模型是基于满足临界能量标准而非基于最大应力的失效控制来描述固体材料的失效。

考虑承受任意载荷的可变形连续体中的裂纹，绝热准静态系统的热力学第一定律指出，总能量的变化与所做的功成正比：

$$\frac{\mathrm{d}}{\mathrm{d}t}(U_s + U_r) = \frac{\mathrm{d}W}{\mathrm{d}t} \tag{4-8}$$

式中，U_s 为内部总应变能；U_r 为表面能；W 为外部功。

上式可以根据虚拟裂纹扩展重写：

$$\frac{\partial W}{\partial a} = \frac{\partial U_s}{\partial a} + \frac{\partial U_r}{\partial a} \tag{4-9}$$

该方程表示裂纹扩展过程中的能量平衡，表明由施加的外部载荷提供给连续体的功率等于裂纹扩展过程中耗散的表面能 U_r 加上分解为弹性的应变能率 U_s。应变能率分为弹性应变能率 U_s^e 和塑性应变能率 U_s^p。

式（4-9）用势能 Π 的表达方式如下：

$$\Pi = U_s^e - W \tag{4-10}$$

$$-\frac{\partial \Pi}{\partial a} = -\frac{\partial U_s^e}{\partial a} + \frac{\partial W}{\partial a} = -\frac{\partial U_s^e}{\partial a} + \frac{\partial U_s}{\partial a} + \frac{\partial U_r}{\partial a} = \frac{\partial U_s^p}{\partial a} + \frac{\partial U_r}{\partial a} \tag{4-11}$$

由此导出 Griffith 裂纹释放能量 G 表示为：

$$G = -\frac{\partial \Pi}{\partial a} = 2\gamma_s \tag{4-12}$$

式中，γ_s 为表面能。至此得到 Griffith 裂纹释放能量表达式。

4.1.3 J 积分

Eshelby[19] 根据能量守恒定理定义了许多路径无关的等高线积分。这是在他研究弹性域中的位错时实现的，他没有意识到它在断裂力学中的重要性。Rice 和 Rosengren 等[107] 注意到 J 积分作为断裂力学中裂纹扩展标准的重要性。虽然最初引入 J 积分仅限于无卸载、无内应力（应变）和无裂纹面牵引的问题，但现在新的发展已经很好地扩展到内聚裂纹和动态问题。J 积分的路径独立还允许评估远离裂纹尖端的线性和非线性弹性能量释放率和弹塑性功。J 积分示意图如图 4-3 所示。

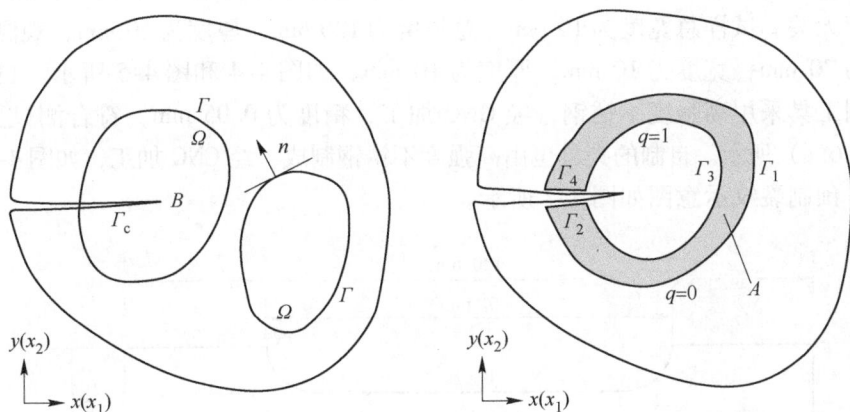

图 4-3 J 积分示意图

在不存在体力和裂纹牵引力的情况下考虑该问题（$f^b = f^c = 0$）。这些积分之一的二维形式可以写成：

$$J = \oint_{\Gamma} \left(w_s \mathrm{d}y - t \frac{\partial u}{\partial x} \mathrm{d}\Gamma \right) \tag{4-13}$$

整理为：

$$J = \oint_{\Gamma} \left(w_s \delta_{1j} - \sigma_{ij} \frac{\partial u_i}{\partial x} \right) n_j \mathrm{d}\Gamma \tag{4-14}$$

即

$$w_s = \int_0^{\varepsilon_{ij}} \sigma_{ij} \mathrm{d}\varepsilon_{ij} = \frac{1}{2} \sigma_{ij} \varepsilon_{ij} \tag{4-15}$$

式中，w_s 为应变能密度；Γ 为闭合逆时针轮廓；$\mathrm{d}\Gamma$ 为弧沿路径 Γ 的微分元素；$t = \sigma n$ 为由向外法线 n 定义的平面上的牵引矢量；u 为位移矢量。

可以得出结论，在任意路径 Γ_1 和 Γ_3 上评估的 J 积分的绝对值保持相同，是 J 的路径独立性的指示。因此，如果轮廓从一个裂纹表面开始并在另一表面结束，则可用于确定 J 积分。实际上，它们还应该与裂纹的几何形状和有限元模型相关，这将在以下各节中进一步讨论。可以看出，当沿裂纹尖端周围的轮廓施加 J 时，它代表了虚拟裂纹扩展 $\mathrm{d}a$ 的势能变化，继续整理得到 J 积分的表达式：

$$J = -\frac{\mathrm{d}\Pi}{\mathrm{d}a} = G \tag{4-16}$$

4.2　HTPB 推进剂预制裂纹拉伸试件制备、设备和方法

HTPB 推进剂试样中的预制裂纹为 Ⅰ-Ⅱ型过度穿透裂纹，裂纹长度为 2 mm，与宽度无关。试样总宽度为 10 mm，总长度为 120 mm，厚度为 10 mm，观测区域长度为 70 mm，宽度为 10 mm，厚度为 10 mm，如图 4-4 和图 4-5 所示。自制裂纹预制工具采用高强度不锈钢，经 CNC 加工，精度为 0.05 mm，符合测试要求，如图 4-6(a) 所示。自制的夹具也由高强度不锈钢制成，经 CNC 加工，如图 4-6(b) 所示。预制裂纹示意图如图 4-7 所示。

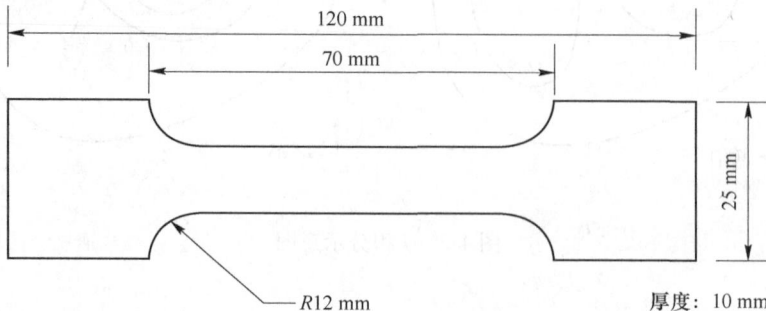

图 4-4　预制裂纹试件尺寸示意图

图 4-5　预制裂纹试件

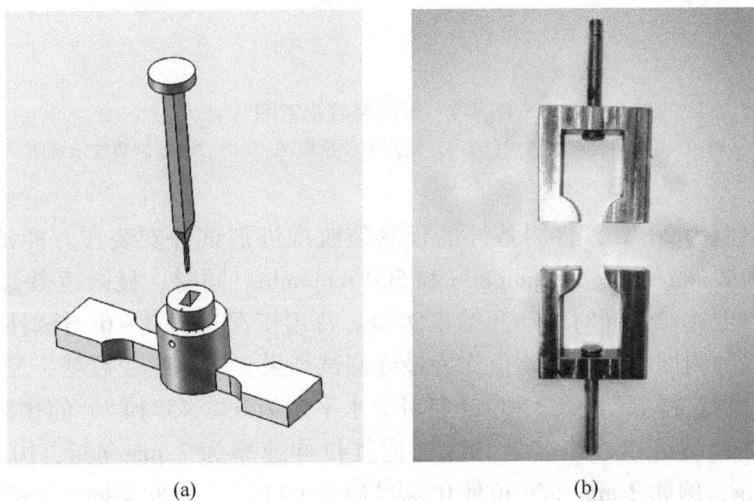

图 4-6　裂纹制作工具和夹具

（a）预制裂纹工具；（b）夹具

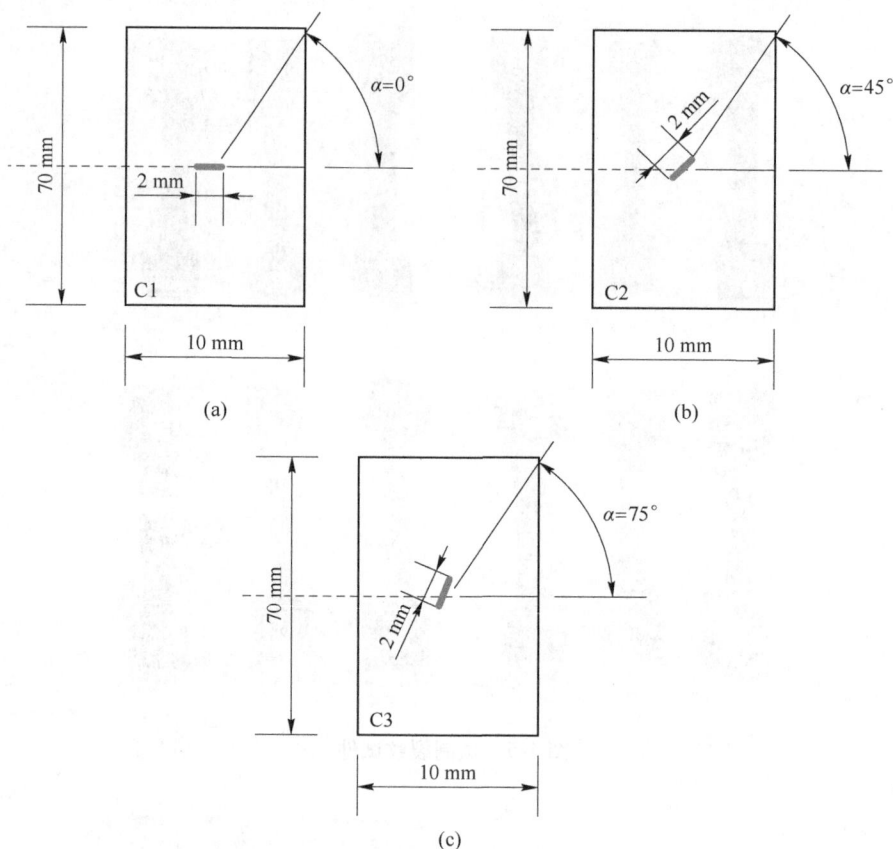

图 4-7　预制裂纹示意图

（a）0°预制裂纹示意图；（b）45°预制裂纹示意图；（c）75°预制裂纹示意图

　　试验室温为 20 ℃，将制备好的预制裂纹推进剂试件安装在万能试验机上，设定速率为 2 mm/min、10 mm/min 和 500 mm/min。同时，显微镜摄像头和 DIC 同步安装，上述设备同时启动和结束实验。每组工况进行 3 ~ 6 组试件，取 3 组一致性较好的测试结果的平均值作为最终测试结果。应力应变数据、显微视频和全场应变分别获得。C1、C2 和 C3 组对应水平角为 0°、45°和 75°的预制裂纹。S 组对应无预制裂缝组，组名括号内标注其拉伸速率为 2 mm/min、10 mm/min、500 mm/min，例如 2 mm/min 拉伸 0°裂纹组为 C1（2），以此类推。正应力破坏的裂纹为 Ⅰ 型裂缝，剪应力破坏的裂缝为 Ⅱ 型裂缝。在本研究中，C1 组是典型的 Ⅰ 型裂纹，C2 和 C3 组是典型的 Ⅰ-Ⅱ 型混合裂纹。

　　测试采用 Osmicro AO-HD228 高强度显微镜相机，可实现 45 ~ 400 倍的放大倍率，如图 4-8(b) 所示。所有实验均采用最大试验力为 0.5 kN 的 WDW-10 万能试验机，如图 4-8(c) 所示。试验中使用的全场应变测量设备为 correlated SOLUTION VIC-3D System，如图 4-8(a) 所示。

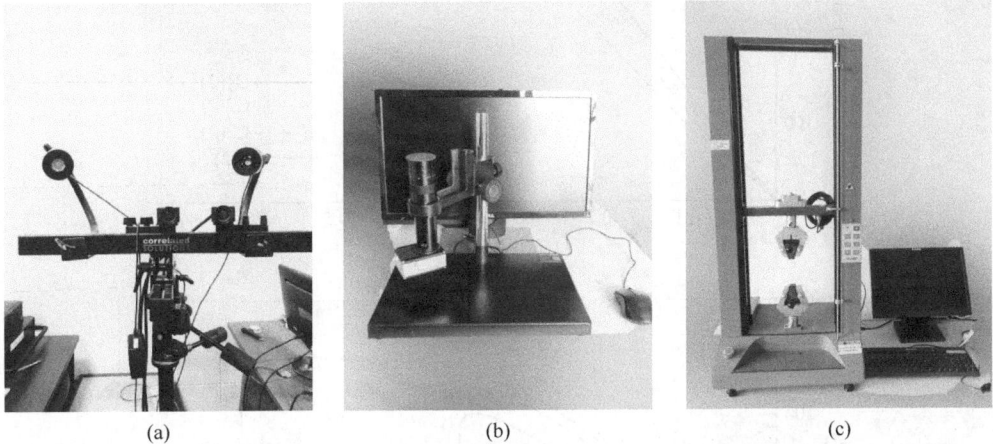

(a)   (b)   (c)

图 4-8   预制裂纹拉伸试验设备
(a) 数字图像技术（DIC）；(b) 显微摄影机；(c) 电子万能试验机

4.3   HTPB 推进剂预制裂纹拉伸试验结果与分析

从图 4-9 可以清楚地看出，在 2 mm/min 和 10 mm/min 的拉伸速率下，应力-应变曲线通常具有三个典型阶段，第一阶段为初始阶段，呈线性上升趋势；第二阶段为屈服阶段，在拉伸过程中发生变形，但并不伴随着材料的破坏；第三阶段为断裂破坏阶段，材料基体发生撕裂破坏；在 500 mm/min 的拉伸速率下，试样在最大应变点突然断裂，没有明显的屈服阶段。断裂破坏直接发生在其最大应变点。

在 2 mm/min 的拉伸速率下，无预制裂纹试样的最大破坏应变明显较大，约为 62%。在预制裂纹组中，C3(75°) 的最大破坏应变，C1(0°) 次之，但 C1 和 C2 的最大破坏应变很小，C3 的最大破坏应变为 41%，C2 为 33%，C1 为 32%。在 2 mm/min 的拉伸速率下，预制 0°裂纹和 45°裂纹的差异对破坏的极限应力应变影响不大。

同样，在 10 mm/min 的拉伸速率下，无预制裂纹试件的最大破坏应变稍大，最大破坏应变为 61%。在预裂纹组中，C3(75°) 的最大破坏应变最大，最大破坏应变为 38%，其次是 C1 和 C2，最大破坏应变分别为 36% 和 32%，但最大破

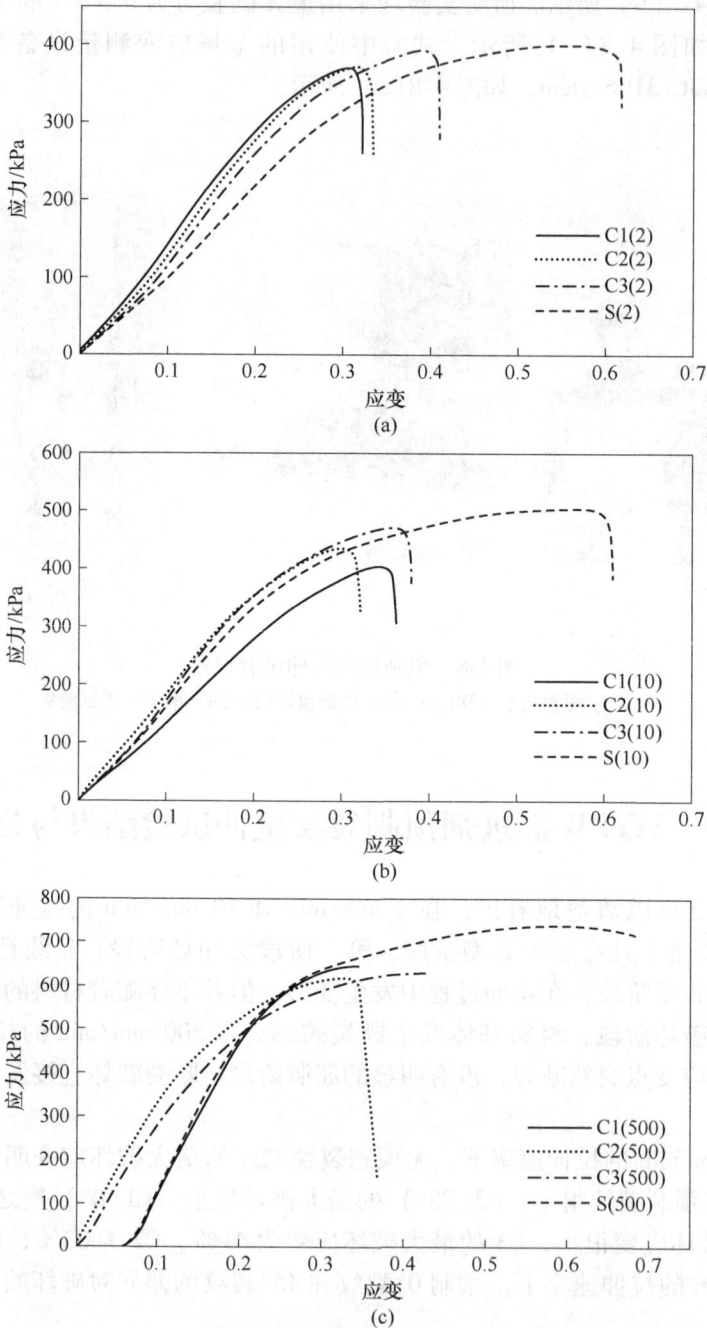

图 4-9　预制裂纹试件拉伸应力-应变关系

（a）2 mm/min 拉伸速率下预制裂纹试件；（b）10 mm/min 拉伸速率下预制裂纹试件；
（c）500 mm/min 拉伸速率下预制裂纹试件

坏应变最大。三者的失效应变差别不大。

在 500 mm/min 的拉伸速率下，无预制裂纹试样的最大破坏应变较大，其最大破坏应变为 68%。三组预制裂缝的最大破坏应变比较相似，分别为 C1、C2 和 C3。各组的最大失效应变分别为 35%、37% 和 42%。

在 2 mm/min、10 mm/min 和 500 mm/min 的拉伸速率下，无预制裂纹试件的最大破坏应变明显高于预裂试件的最大破坏应变。可以发现，裂纹对 HTPB 推进剂的破坏非常重要。总体而言，在预制裂缝分组中，无论采用何种加载率，75° 预制裂缝试件损伤的可能性较小，其他两组的极限破坏应变相近。失效应变相似，但仍略有不同。在高速拉伸下，三种预制裂缝的分组差异很小。拉伸速率对预裂试样的破坏有很大影响。

从 DIC 测得的最大应变来看，C1(0°)、C2(45°) 呈现比较接近的应变规律，在较小的极限应变下就发生断裂，C1、C2 组最大值达到了 30%，而 C3(75°) 与前两组差别较大，但是与无裂纹组差别很小，其中 C3、S 组最大应变极值超过了 60%，可见 75° 裂纹对于推进剂的拉伸破坏没有 0° 和 45° 裂纹的影响大。

分别在 C1、C2、C3 组中，速率对于裂纹尖端应变的影响很大，在 2 mm/min、10 mm/min 和 500 mm/min 中裂纹尖端破坏应变逐渐降低，这是由于拉伸速率的增加，增加了脆性断裂的破坏占比，如图 4-10 所示。

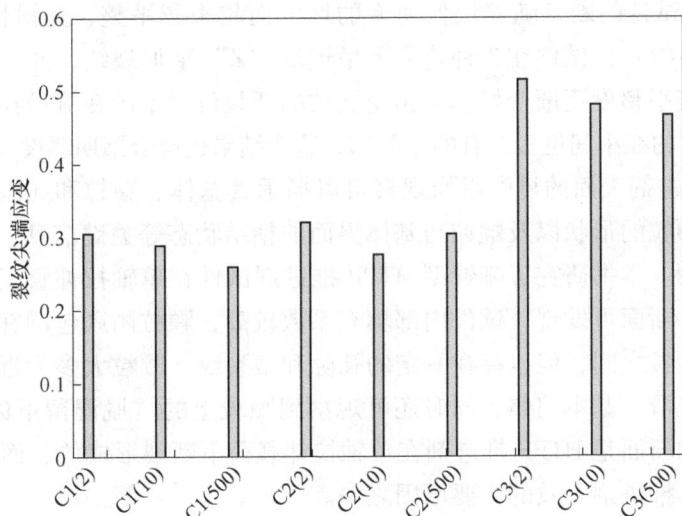

图 4-10 试件裂纹尖端应变

在裂纹尖端应变对比中，以 2 mm/min 拉伸速率为基准，0° 裂纹中，10 mm/min 拉伸速率的裂纹尖端应变增长为 1.55%，增长率为 5.15%；500 mm/min 拉伸速率的裂纹尖端应变增长为 21.04%，增长率为 69.73%；45°裂纹中，10 mm/min 拉伸速率的裂纹尖端应变增长为 -1.23%，增长率为 -4.31%；500 mm/min 拉伸速率的裂纹尖端应变增长为 19.17%，增长率为 28.53%；10 mm/min 拉伸速率的裂纹尖端应变增长为 4.48%，增长率为 17.42%；500 mm/min 拉伸速率的裂纹尖端应变增长为 20.61%，增长率为 80.27%。其中 45°裂纹中，10 mm/min 拉伸速率的裂纹尖端应变增长为负值，代表 2 mm/min 和 10 mm/min 拉伸速率的裂纹尖端应变十分接近，结合其他两种情况，代表了低速率拉伸（小于 10 mm/min）的规律是一致的，但是与高速率（大于 500 mm/min）有较大不同。

在 0°裂纹中，随着拉伸速率的增长，以 2 mm/min 拉伸速率为基准，10 mm/min 拉伸速率下其尖端应变增长为 -1.65%，增长率为 -5.46%，500 mm/min 拉伸速率下其尖端应变增长为 -4.50%，增长率为 -14.91%；在 45°裂纹中，随着拉伸速率的增长，以 2 mm/min 拉伸速率为基准，10 mm/min 拉伸速率下其尖端应变增长为 -4.43%，增长率为 -13.97%，500 mm/min 拉伸速率下其尖端应变增长为 -1.58%，增长率为 -4.97%；在 75°裂纹中，随着拉伸速率的增长，以 2 mm/min 拉伸速率为基准，10 mm/min 拉伸速率下其尖端应变增长为 -4.43%，增长率为 -13.97%，500 mm/min 拉伸速率下其尖端应变增长为 -4.93%，增长率为 -9.63%。

C1(0°) 试件的断口随着拉伸速率的增大而越来越平整，光滑性也特别好。C2(45°)、C3(75°) 试件在 3 种速率下呈现反 "Z" 字形裂纹，并且随着拉伸速率的增加，其平整度逐渐变好。未预制裂纹的断裂位置不论在哪种拉伸速率下都比较随机，有的在中间位置，有的在颈部，这个结果也符合预期假设（图 4-11）。

HTPB 推进剂表面的显微影像观察可以揭示其基体、颗粒和孔洞等特征。要了解其内部颗粒的形状以及颗粒与基体界面的粘结状态等关键信息，则需要对其断面进行观测。本书研究了哑铃型 HTPB 推进剂试件在单轴拉伸直至断裂后的情况。观察试件断面可发现，试件内部填充系数较高，颗粒团簇包围在一起，小颗粒镶嵌于大颗粒之间，但也存在一定的孔隙和微裂纹。颗粒大多为近似球形或椭球形，表面光滑，基本完整，同时还可观察到颗粒上的 "脱湿留下的凹坑"。这是因为观察的断面是 HTPB 推进剂在单轴拉伸载荷下断裂形成的，而颗粒的 "脱湿" 是 HTPB 推进剂失效的主要原因之一。

在 2 mm/min 速率下，4 组试件的拉伸断口影像（50 倍）形态均呈现较大的圆形和椭圆形孔隙。在 10 mm/min 速率下，四组试件的拉伸断口影像（50 倍）形态呈现椭圆形的孔隙。在 500 mm/min 速率下，四组试件的拉伸断口影像（50 倍）形态均呈现较大的圆形和椭圆形孔隙。其中 0°裂纹试件组呈现了多样化的不规则孔隙。试件拉伸后整体放大形态如图 4-12 所示。

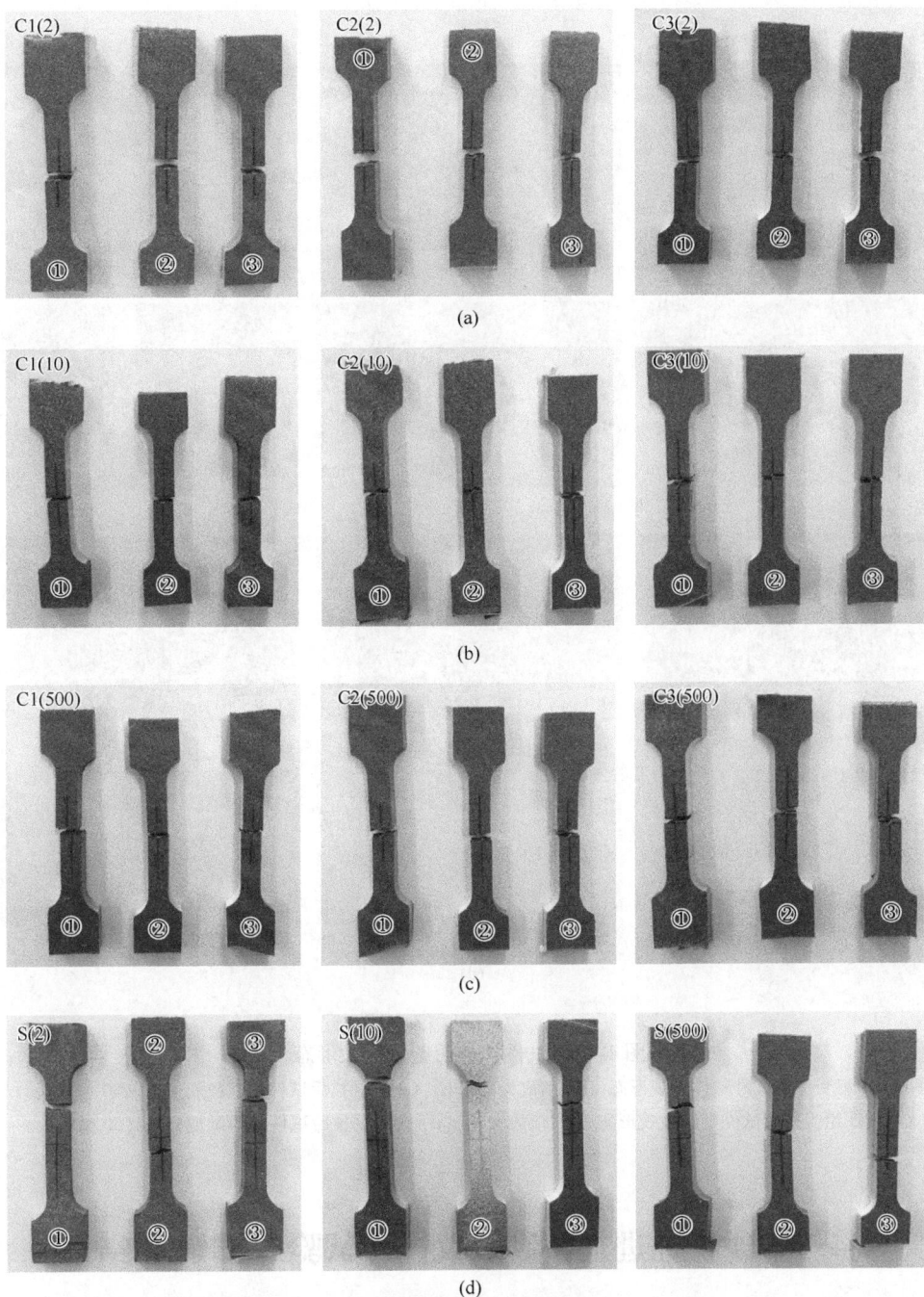

图 4-11 预制裂纹试件拉伸后形态

（a）2 mm/min 拉伸速率下试件断裂形态；（b）10 mm/min 拉伸速率下试件断裂形态；
（c）500 mm/min 拉伸速率下试件断裂形态；（d）未预制裂纹组在不同拉伸速率下的试件断裂形态

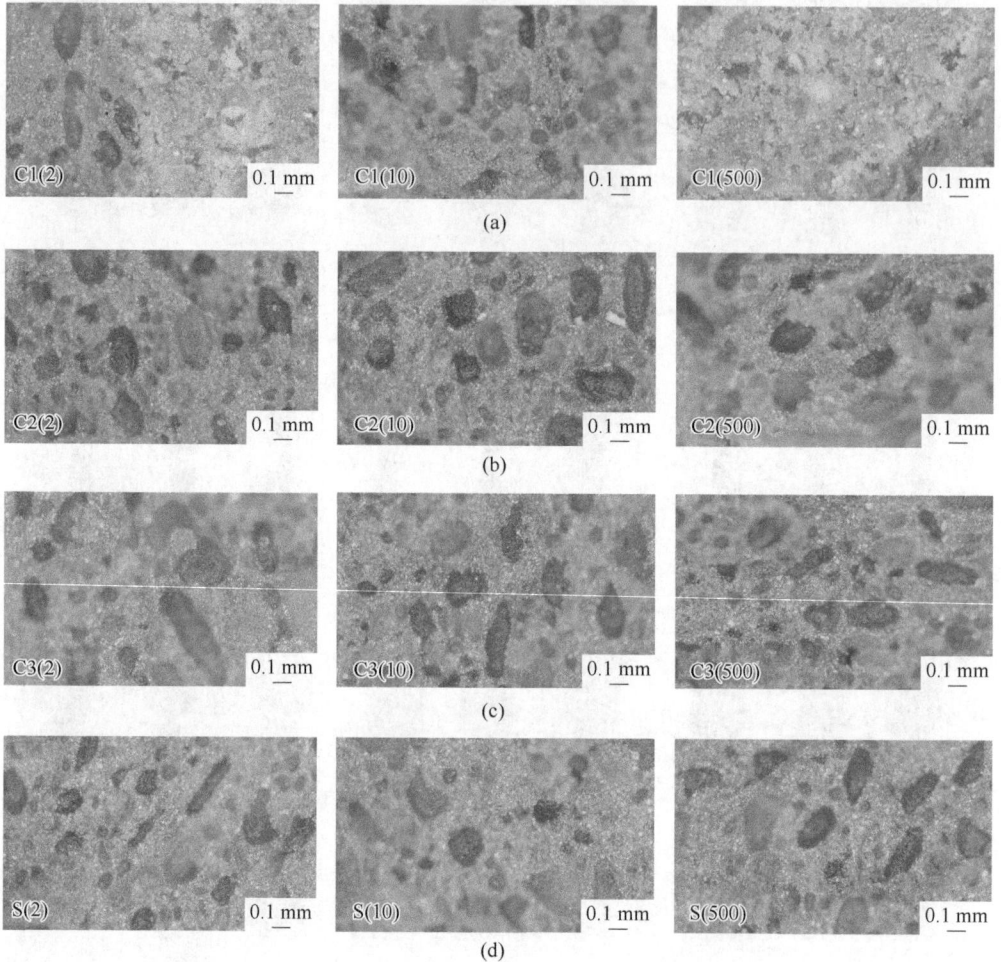

图 4-12　试件拉伸后整体放大形态

（a）C1 组受拉后试件整体微观形态（50 倍放大）；（b）C2 组受拉后试件整体微观形态（50 倍放大）；
（c）C3 组受拉后试件整体微观形态（50 倍放大）；（d）S 组受拉后试件整体微观形态（50 倍放大）

4.4　HTPB 推进剂预制裂纹拉伸试验 DIC 输出结果

　　各组别在不同拉伸速率下的破坏规律不尽相同。在 2 mm/min 拉伸速率下，三组裂纹组的试件的应变均达到了 30% 以上，其中 0° 和 45° 裂纹组峰值应变比较接近，达到了 32% 和 33%，而 75° 裂纹组达到了 40%。在 10 mm/min 拉伸速率下，三组裂纹组的峰值应变也比较接近，均在 35% 左右，应变分别为 33%、36% 和 39%，在峰值应变上，并没有哪个组别拉开太大差别。在 500 mm/min 拉伸速率下，0°裂纹最容易发生破坏，其峰值应变为 28%。45°裂纹组的峰值应变为 32%，75°裂纹组的峰值应变为 42%。结果如图 4-13 所示。

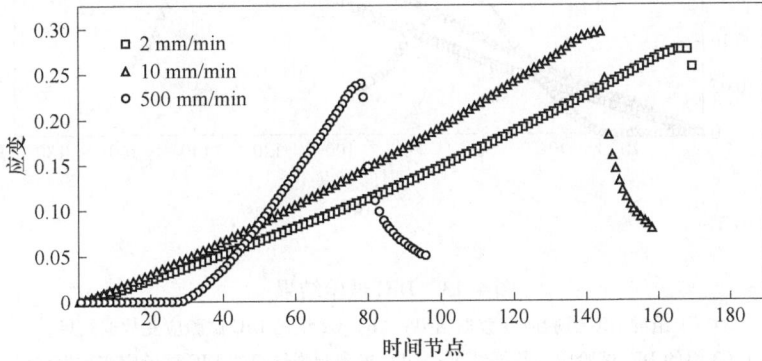

(a)

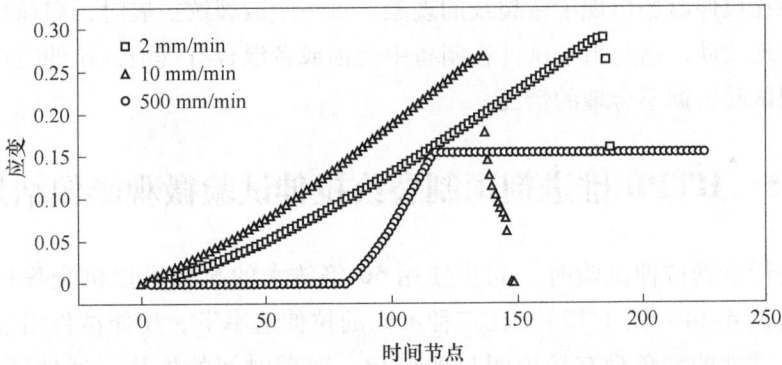

(b)

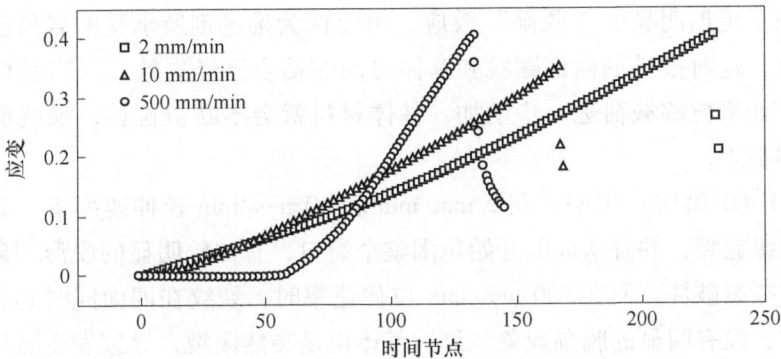

(c)

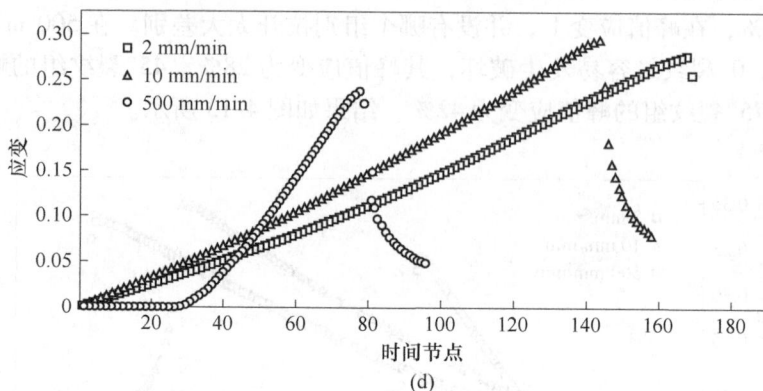

(d)

图 4-13　DIC 试验结果

（a）C1 组的 DIC 试验应变数据结果；（b）C2 组的 DIC 试验应变数据结果；
（c）C3 组的 DIC 试验应变数据结果；（d）未预制裂纹组的 DIC 试验应变数据结果

试验在拉伸后还出现了微裂纹的现象，每一个微裂纹扩展时，载荷导致的应变都会出现波动，这是由于试件在制备中受损或者混合有气泡，拉伸时产生微裂纹，出现试验数据不合理的情况。

4.5　HTPB 推进剂预制裂纹拉伸试验微观影像结果

在进行单轴拉伸试验时，同步使用 50 倍放大的显微摄像机全程记录试件的变化（图 4-14 ~ 图 4-17），在三种不同的拉伸速率下，拉伸试件沿加载方向被拉伸，试件的颜色没有发生明显的变化。随着时间的推移，试件继续变形，有效试验段开始出现明显的 AP 颗粒析出现象。在进一步的拉伸加载过程中，试件出现了更加明显的"脱湿"效应，可以认为推进剂所承受的载荷已经到达了临界值，这时推进剂内部颗粒和基体之间的粘合已经失效，只有基体独自承担载荷，如果位移载荷进一步增加，基体材料就会不断被拉长，最终撕裂，导致推进剂破裂。

在 C1（0°裂纹）组中，在 2 mm/min 和 10 mm/min 拉伸速率下，裂纹扩展都是从边缘起裂，并且从周围开始包围整个裂口，有比较明显的脱湿现象，直到最后基体撕裂破坏。而在 500 mm/min 拉伸速率时，裂纹在四面同时起裂，有很多微裂纹，没有明显的脱湿现象，最后基体也是突然撕裂，导致发生破坏。上述 3 种速率造成的裂纹扩展都是典型的 I 型裂纹。

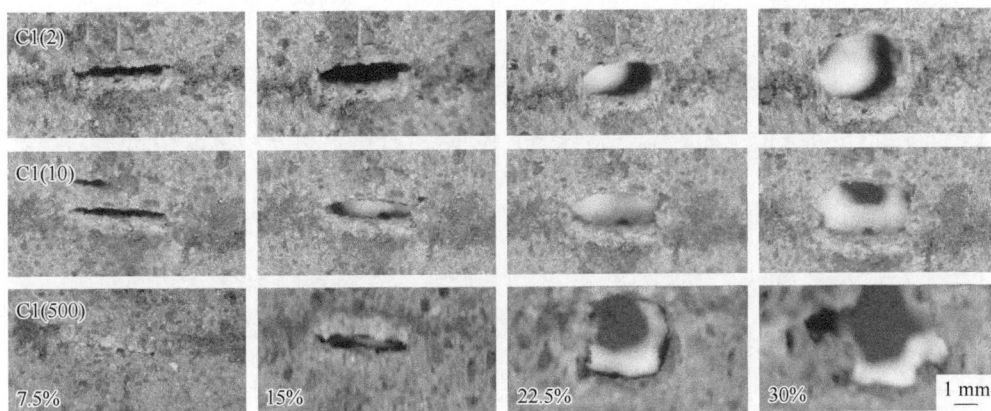

图 4-14　C1 组显微影像

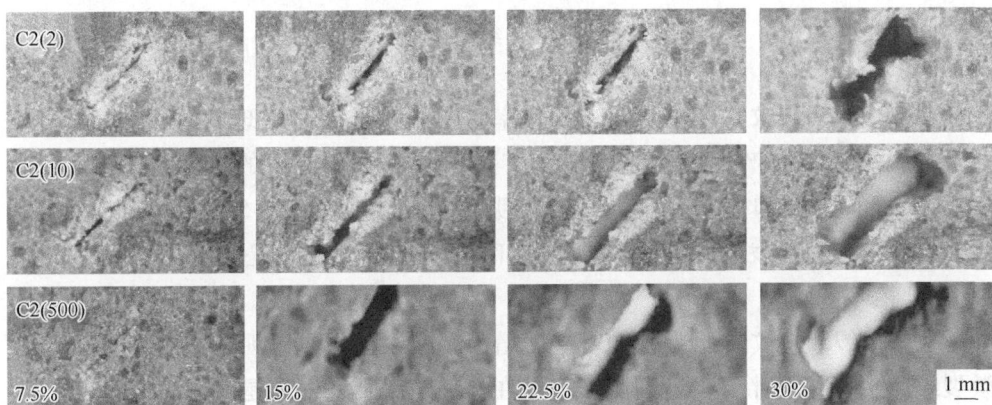

图 4-15　C2 组显微影像

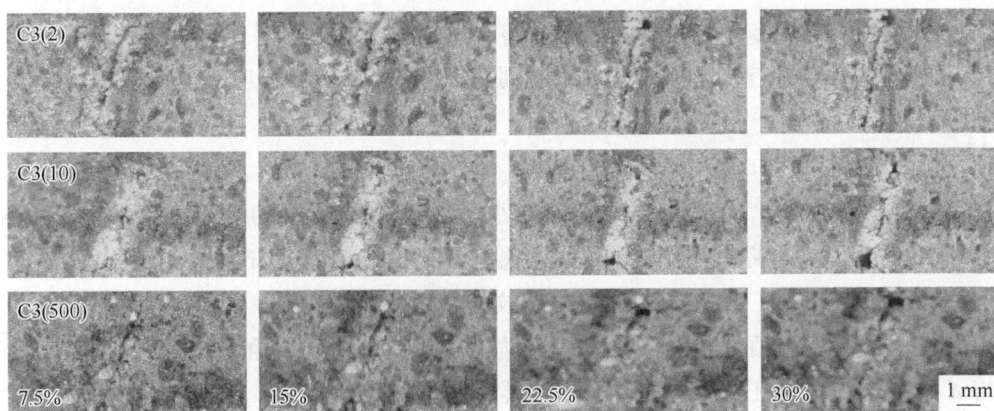

图 4-16　C3 组显微影像

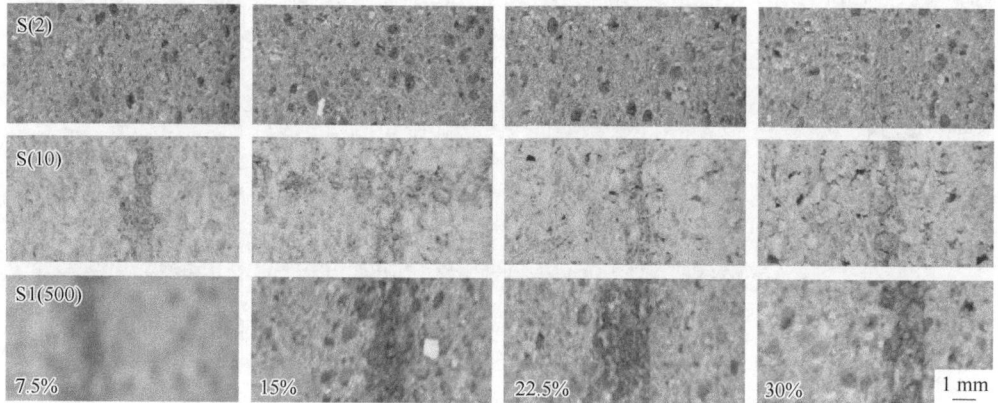

图 4-17　S 组显微影像

在 C2（45°裂纹）组中，在三种速率下，裂纹扩展均呈现"沙漏形"式样，并且在裂纹的尖端产生微裂纹，持续扩展，形成一个更大的"沙漏"，直到破坏。在 2 mm/min 和 10 mm/min 下存在明显的脱湿现象，在 500 mm/min 下没有明显的脱湿，直接发生脆性断裂导致破坏。C2（45°裂纹）是典型的Ⅰ-Ⅱ复合型裂纹。

在 C3（75°裂纹）组中，随着应变增大，裂纹区域逐渐明显，在裂纹尖端有微裂纹产生，并且伴有少量脱湿，但是在 3 种速率下，即使是到了 30% 应变，裂纹也不是太明显，可以看出 75°裂纹的抗破坏性还是很好的。C3（75°裂纹）是一种Ⅰ-Ⅱ复合型裂纹。

无预制裂纹的试件在三种速率下整体并没有明显的变化，只是可以观察到基体中的孔洞有被拉扯大，有少量脱湿现象。在 30% 应变内并没有明显破坏。

试验发现，C2、C3 的复合型裂纹扩展路径呈现出"Z"字形，而且随着裂纹扩展，这些"Z"之间的夹角逐渐变小。经过一定数量的"Z"字形弯曲后，裂纹会趋向于转变成横向裂纹。值得注意的是，无论开始时试件中裂纹的倾斜角度如何，裂纹开始扩展后都有向横向裂纹的转变趋势。

规定初始裂纹角度与纵向 Y 轴夹角为 β，两个裂纹开裂角分别为 θ_1 和 θ_3，设与 X 轴正向夹角为正，则初始裂纹角和裂纹开裂角如图 4-18 所示。

对 C2、C3 对应的两种裂纹下的裂纹倾斜角 β、裂纹开裂角 θ_1 和 θ_3 进行测量得到表 4-1。

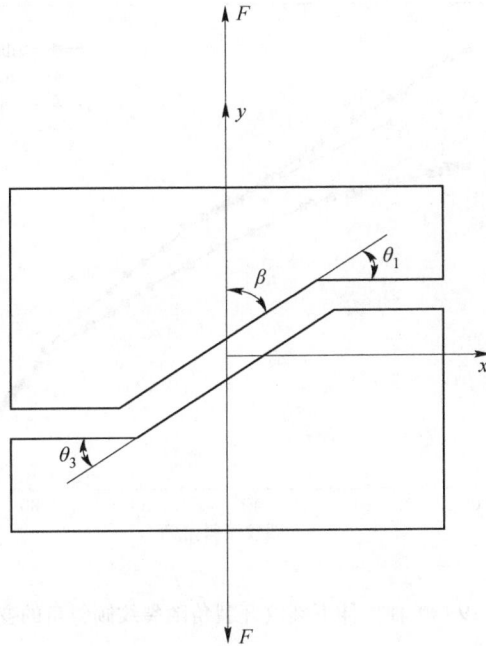

图 4-18 裂纹角度和开裂角度示意图

表 4-1 裂纹开裂角

$\beta/(°)$	$\theta_1/(°)$	$\theta_3/(°)$	断裂力值/N
15	81	-82	38
15	79.3	-80.3	45
15	80.2	-80.4	60
75	55.6	-56.8	36
75	55.9	-59.2	41
75	59	-60	60

根据试验数据与 Theocaris 等[108] 比较得到图 4-19，图中开裂角数据选择 θ_3，并且取其绝对值。通过数据对比发现，推进剂预制裂纹试件的开裂角与初始裂纹倾斜角的关系与 T 准则比较吻合，而遵循 T 准则的复合材料在裂纹沿着"Z"字形扩展后，就会发展成为在边缘向横向裂纹转变的趋势，从而使"Z"字形裂纹区域膨胀从而发生破坏。

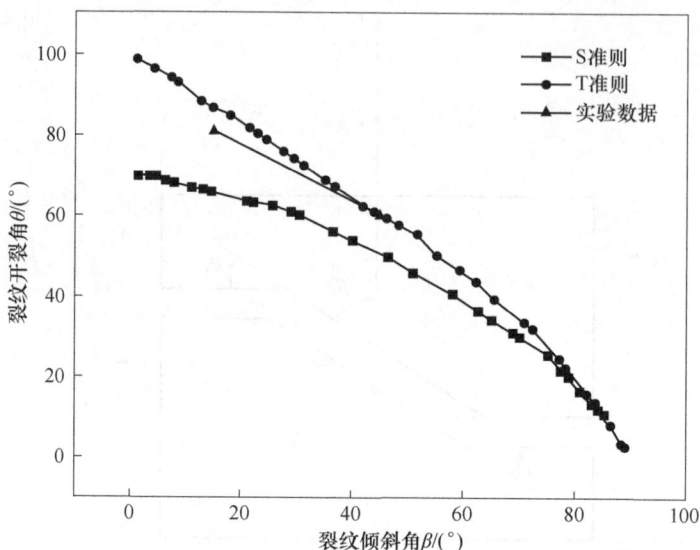

图 4-19　单轴拉伸下裂纹开裂角随裂纹倾斜角的变化

4.6　HTPB 推进剂预制裂纹拉伸试验裂纹扩展强度计算

应变率是材料相对于时间的应变（变形）的变化。通过对试验数据的二次整理，得到三组拉伸速率（2 mm/min、10 mm/min 和 500 mm/min）下的应变率（0.000477 s^{-1}、0.002381 s^{-1}和 0.119048 s^{-1}）。在这三个应变率下分析裂纹的扩展阻力（以水平裂纹为例）。

水平穿透型裂纹试件的应力强度因子[109]可由式（4-17）计算：

$$K_1 = \frac{P}{B\sqrt{W}} f\left(\frac{a}{W}\right) \qquad (4-17)$$

式中，P 为对应拉力；B 为试件厚度；W 为试件宽度；f 为几何形状因子；$2a$ 为裂纹长度。

由式（4-17）得到如下表达式：

$$f\left(\frac{a}{W}\right) = \sqrt{\frac{\pi a}{4W} \sec \frac{\pi a}{2W}} \left[1 - 0.025\left(\frac{a}{W}\right)^2 + 0.06\left(\frac{a}{W}\right)^4\right] \qquad (4-18)$$

复合固体推进剂这类中低强度材料在裂纹开始扩展后，不会立即发生裂纹失稳扩展，而是会经历一个缓慢的扩展过程。推进剂宏观裂纹的扩展与其微观结构的变化密切相关。在微观层面上，固体推进剂可以看作是一种非均匀材料，当其受到拉伸载荷时，由于颗粒尺寸分布、颗粒与基体的粘接强度、交联密度等因素的不同，会造成局部应力应变的不同。这种差异在材料中特别是在裂纹尖端附近会产生损伤。

在室温 20 ℃、10 mm/min 拉伸速率条件下，图 4-20 展示了 HTPB 推进剂的 I 型应力强度因子 K_1 与裂纹扩展量的关系。根据图 4-20，可以将裂纹扩展阻力曲线大致分为三个阶段。第一阶段是推进剂裂纹尖端的钝化阶段，在这个阶段中，随着外载荷的增加，裂纹尖端的半径逐渐增大，但裂纹并没有扩展。当外加载荷达到一个临界值时，裂纹开始扩展，这是图 4-20 中所示的第二阶段。在这个阶段，裂纹的扩展是不连续的。随着载荷的增加，裂纹扩展后需要增加额外的载荷才能进一步扩展。在裂纹扩展初期，需要更大的载荷增量才能使裂纹扩展一定的增量，随着裂纹扩展所需载荷增量的逐渐减小，曲线的斜率也逐渐减小。一般认为，裂纹扩展阻力曲线的增加是由于材料吸收了一定的能量。对于固体推进剂材料而言，这些吸收的能量可能用于推进剂中颗粒与基体的分离、裂纹尖端损伤区的形成和发展或粘弹性材料本身的粘性耗散等。随着裂纹的不断扩展，当裂纹达到一定值时，阻力曲线从第二阶段转向第三阶段。详细分析试验数据可以发现，这种转变通常发生在最大载荷附近，这表明第三阶段代表载荷逐渐减小和裂纹不断扩展的阶段，此时应力强度因子保持相对稳定。

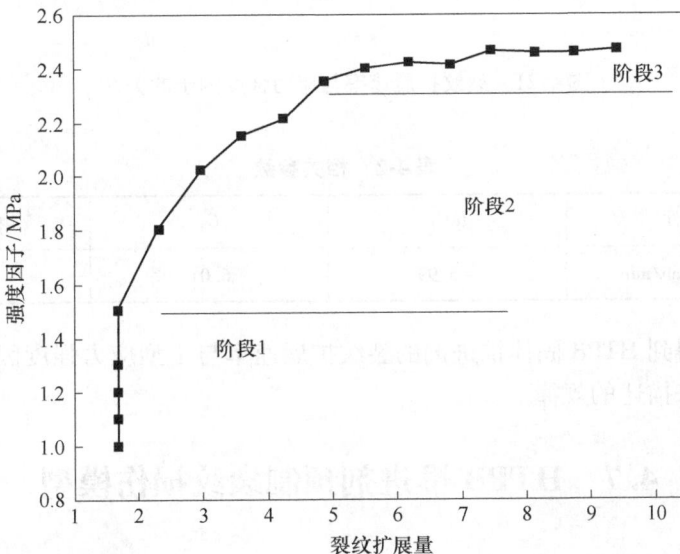

图 4-20　裂纹扩展量与强度因子的关系

　　为了探究裂纹扩展速率与应力强度因子之间的关系，采用了线性回归分析方法。将裂纹扩展速率 da/dt、应力强度因子 K_1 的对数值 $\ln(da/dt)$、$\ln K_1$ 数据进行线性回归[110]，回归结果如图 4-21 所示。结果表明，裂纹扩展速率与 I 型裂纹应力强度因子存在幂函数关系，其关系式可表示为：

$$\frac{da}{dt} = C_1 K_1^{C_2} \tag{4-19}$$

式中，C_1、C_2 为常数，其拟合结果信息如表 4-2 所示。

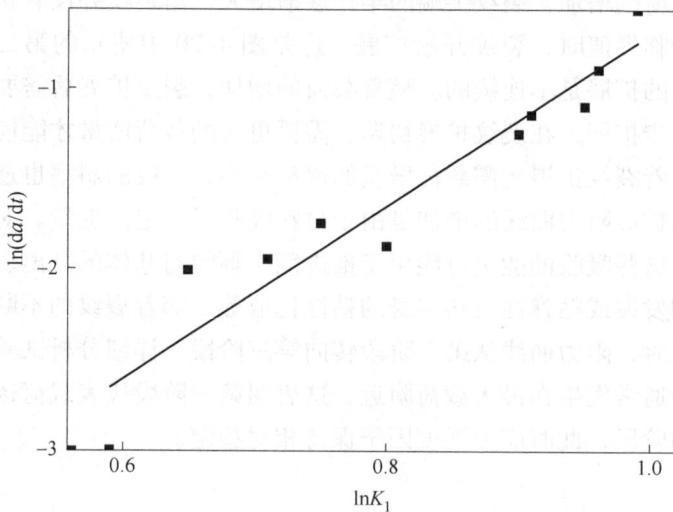

图 4-21　裂纹扩展速率与应力强度因子的关系

表 4-2　相关参数

试验条件	$\ln C_1$	C_2	相关系数
20 ℃，10 mm/min	−5.99	6.01	0.90

　　至此，得到 HTPB 固体推进剂的裂纹扩展速率与 I 型应力强度因子的关系可以用幂函数来描述的规律。

4.7　HTPB 推进剂预制裂纹损伤模型

4.7.1　粘弹性本构修正模型

　　当假定粘弹性材料力学性能是线性粘弹性的。根据玻耳兹曼叠加原则[111]，应力和应变关系可以表示如下：

$$\bar{s}(t) = \int_0^t E(t-\tau) \frac{\partial \lambda}{\partial \tau} d\tau \tag{4-20}$$

式中，$\bar{s}$ 为未受损伤的工程应力；λ 为伸长比；t 为时间；$E(t)$ 为松弛模量。

考虑到模型的简单性和适用性，式（4-20）可以做如下修改：

$$\bar{S}(t) = (\dot{\lambda}/\dot{\lambda}_r)^a \cdot \int_0^t E(t-\tau) \frac{\partial \lambda}{\partial \tau} d\tau \tag{4-21}$$

式中，$\dot{\lambda}_r$ 为参考延伸率（$1\ s^{-1}$）；$\dot{\lambda}$ 为延伸率；a 为拟合参数。

如果材料变形达到临界应变，则固体推进剂中，微裂纹和侵蚀可能会发生。随着载荷的增加，会造成越来越多的损害，非线性粘弹性行为变得越来越重要，式（4-21）将不再适用。为了准确地描述推进剂的应力变化，引入了损伤进化函数，以描述基于本构方程式 HTPB 固体推进剂中损伤的变化。根据损伤力学的基本理论，材料损害等效于横截面区域的减少，损坏变量定义如下[112]：

$$\omega = 1 - \frac{S}{\bar{S}} = \frac{A_d}{A_0} \tag{4-22}$$

式中，ω 为损伤变量；S 为含有损伤的工程应力；A_d 为等效受损面积；A_0 为初始未损坏的横截面积。

固体推进剂是一种颗粒增强的复合材料，其粒度分布通常被认为是随机分布。颗粒脱湿和界面裂纹生长是固体推进剂的主要破坏损伤模式。颗粒的直径越大，颗粒附近的应力或应变越大。当较大颗粒的局部应力或应变在当前的标称应力-应变状态下达到临界值时，粒子脱湿发生，然后占据颗粒所占据的区域逐渐发展为孔洞。因此，损伤的演变必须与推进剂和拉伸速率中粒径的分布有关。通过假设孔洞的形成过程服从正态分布，Shen[113]建立了损伤进化定律来描述材料中的空隙。在本节中，认为孔洞的形成需要推进剂达到临界应变状态的某些条件，因此 Weibull 分布[114]用于描述损伤面积的累积变化。当拉伸比变化时，推进剂横截面中受损区域比例的变化率如下：

$$\frac{d}{d\lambda}\left(\frac{A_d}{A_0}\right) = \begin{cases} kd\left[k(\lambda-\lambda_c)\right]^{d-1} e^{-[k(\lambda-\lambda_c)]^d} & \text{当 } \lambda \geqslant \lambda_c \\ 0 & \text{当 } 1 < \lambda < \lambda_c \end{cases} \tag{4-23}$$

式中，k 和 d 为应变率的函数，用来考虑加载率对损伤演化的影响，其形式是通过拟合实验数据得到的；λ_c 为一个临界拉伸参数。

在 Weibull 分布的应用领域，$1/k$ 称为尺度参数或特征寿命，d 称为形状参数，λ_c 称为位置参数或无故障寿命，如果在其他参数保持不变的情况下增加 $1/k$，则分布会向右伸展并且高度会降低，它是损伤的指示性参数。d 是影响损伤演化形式的决定性参数，当 $d>1$ 时，损伤随着拉伸的增加而增加。λ_c 是对可能观察到故障的最早时间节点的估计。

通过对式（4-23）积分得到：

$$\omega = \begin{cases} \dfrac{A_\mathrm{d}}{A_0} = \displaystyle\int_{\lambda_\mathrm{c}}^{\lambda} \dfrac{\mathrm{d}}{\mathrm{d}\lambda'}\left(\dfrac{A_\mathrm{d}}{A_0}\right) \cdot \mathrm{d}\lambda' = 1 - \exp\{-[k(\lambda - \lambda_\mathrm{c})]^d\} & 当 \lambda \geqslant \lambda_\mathrm{c} \\ 0 & 当 1 < \lambda < \lambda_\mathrm{c} \end{cases}$$

$$(4\text{-}24)$$

式（4-24）表明，当材料的伸长率小于 λ_c 时，截面没有变化，材料无损伤，$\omega = 0$，当材料的伸长率增加到无穷大时，材料完全破坏，$\omega = 1$。

引入预制裂纹损伤变量 ω_c：

$$\omega_\mathrm{c} = \frac{L_\mathrm{c} \cdot h}{A_0}\theta_\mathrm{c} \tag{4-25}$$

式中，L_c 为预制裂纹长度；h 为预制裂纹厚度；A_0 为试件横截面积；θ_c 为预制裂纹角度因子。本节中 $L_\mathrm{c} = 2$ mm，$d_\mathrm{c} = 10$ mm，$A_0 = 10$ mm，$\theta_\mathrm{c} = \cos\theta$，计算后 $\theta_{0°} = 1$，$\theta_{45°} = 0.7071$，$\theta_{75°} = 0.2588$。

结合式（4-21）、式（4-22）、式（4-24）和式（4-25），可得到具有损伤的非线性粘弹性本构模型如下：

$$\begin{cases} S(t) = (1 - \omega)\bar{S}(t) \\ \omega = \begin{cases} 1 - \exp\{[-k(\lambda - \lambda_\mathrm{c})]^d\} + \omega_\mathrm{c} & 当 \lambda \geqslant \lambda_\mathrm{c} \\ 0 & 当 1 < \lambda < \lambda_\mathrm{c} \end{cases} \\ \bar{S}(t) = \left(\dfrac{\dot{\lambda}}{\lambda_\mathrm{c}}\right)^a \displaystyle\int_0^t E(t - \tau)\dfrac{\partial \lambda}{\partial \tau}\mathrm{d}\tau \\ \omega_\mathrm{c} = \dfrac{L_\mathrm{c} \cdot h}{A_0}\theta_\mathrm{c} \quad (\theta_{0°} = 1, \theta_{45°} = 0.7071, \theta_{75°} = 0.2588) \end{cases}$$

$$(4\text{-}26)$$

由 4.6 节得出三种拉伸速率下的应变率：0.000477 s^{-1}、0.002381 s^{-1} 和 0.119048 s^{-1} 分别对应 2 mm/min、10 mm/min 和 500 mm/min 拉伸速度。

4.7.2　粘弹性损伤演化模型及相关参数确定

由 Yu 等[115]可知当伸长比小于 1.1 时，推进剂几乎没有损坏。对于三种不同的拉伸速率（0.000477 s^{-1}、0.002381 s^{-1} 和 0.119048 s^{-1}），通过拟合应力-拉伸比曲线（$\lambda < 1.1$）得到 $a = 0.04$。

用式（4-24）拟合了图 4-22 中 3 种不同应变率的损伤演化曲线（$\lambda_\mathrm{c} \geqslant 1.1$）。通过对拟合结果的分析，临界伸长比 λ_c 根据其定义固定为 1.1。所得到拟合参数如表 4-3 所示。

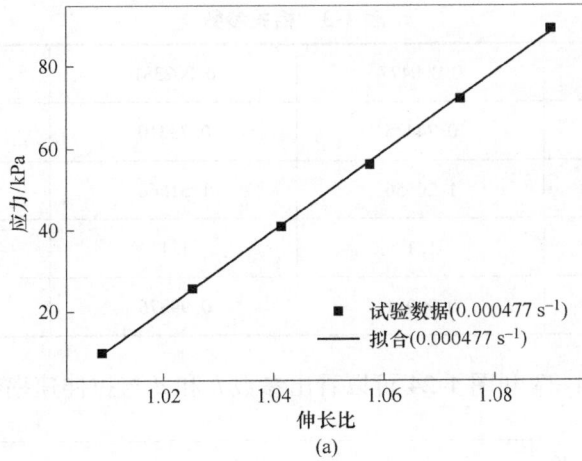

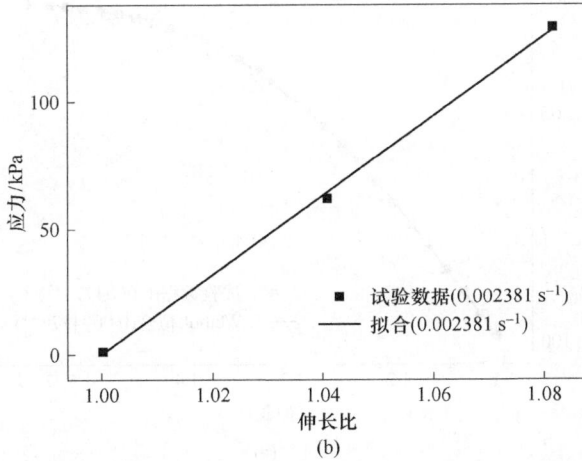

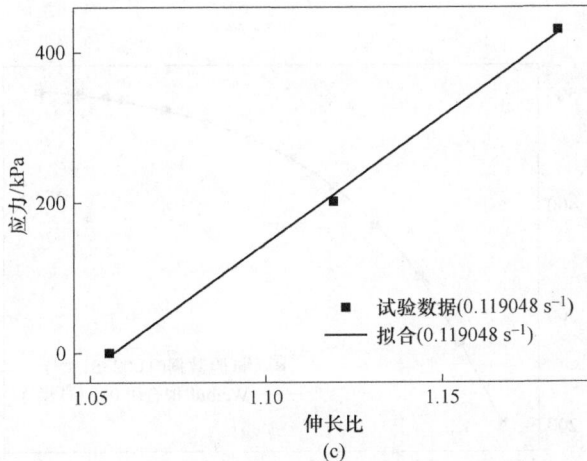

图 4-22 $\lambda < 1.1$ 时不同应变率下的试验数据与拟合

（a）0.000477 s^{-1}数据拟合；（b）0.002381 s^{-1}数据拟合；（c）0.119048 s^{-1}数据拟合

表 4-3　相关参数

应变率/s^{-1}	0.000477	0.002381	0.119048
k	0.74425	0.73310	0.70009
d	1.26556	1.31568	1.34589
λ_c	1.1	1.1	1.1
R^2	0.99981	0.99876	0.99581

此外，从图 4-23 和图 4-24 可以看出参数 k 和 d 与拉伸速率有关。参数 k 随

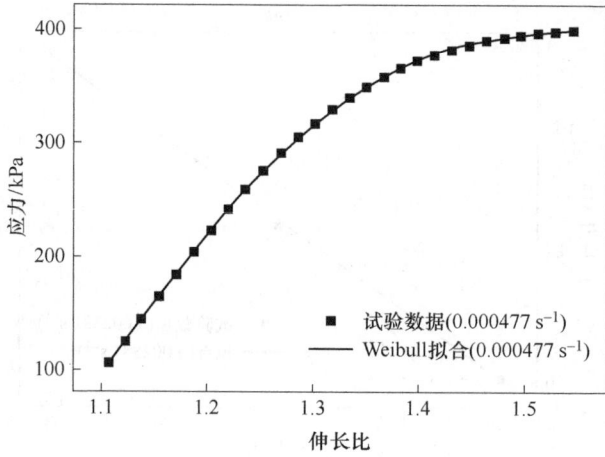

(a)

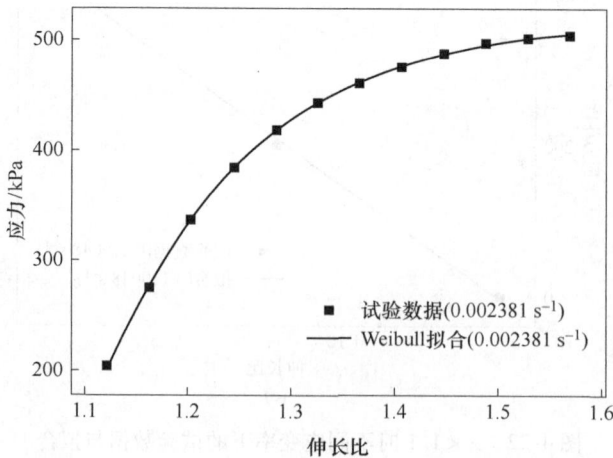

(b)

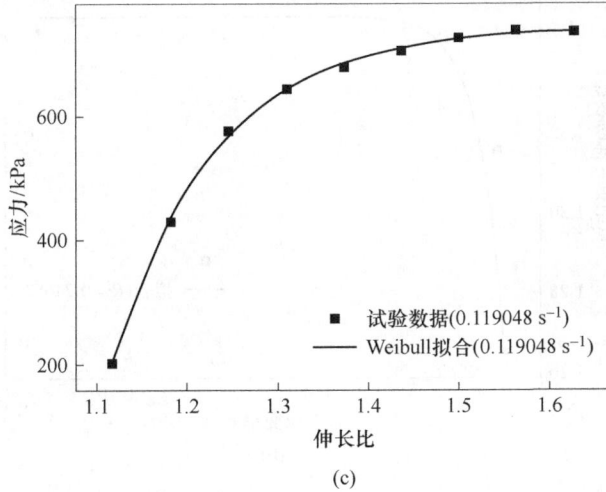

(c)

图 4-23　$\lambda_e \geqslant 1.1$ 时不同应变率下的试验数据与拟合

(a) 0.000477 s^{-1} 数据拟合；(b) 0.002381 s^{-1} 数据拟合；(c) 0.119048 s^{-1} 数据拟合

着应变速率的增加而减小，参数 d 随着应变速率的增加而增加。对于三组参数拟合结果，采用幂函数来描述材料参数 k、d 与应变率的关系。得到 k 和 d：

$$k = 0.04536 \times 0.63651^{\dot{\lambda}} + 0.69999 \qquad (4-27)$$

$$d = -0.08338 \times 0.13947^{\dot{\lambda}} + 1.345 \qquad (4-28)$$

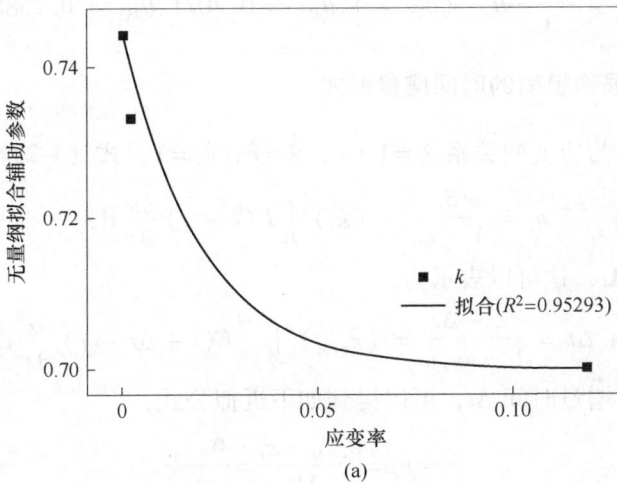

(a)

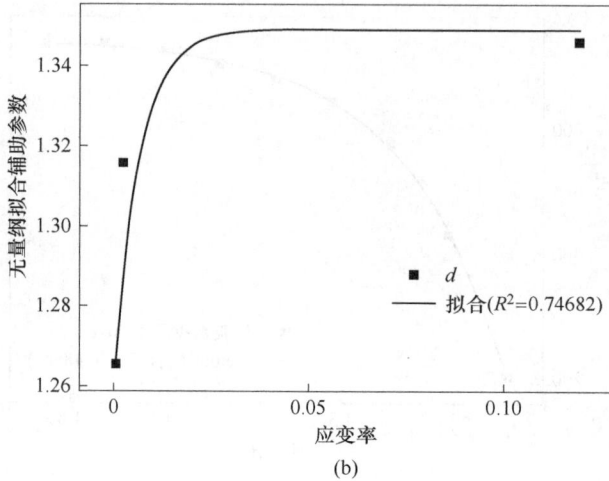

图 4-24　应变率相关拟合

（a）k 参数拟合；（b）d 参数拟合

由式（4-26）~式（4-28）可得含损伤的非线性粘弹性本构方程为：

$$
\begin{cases}
\omega = \begin{cases} 1 - \exp\{[-k(\lambda - \lambda_c)]^d\} + \omega_c & \text{当} \ \lambda \geqslant \lambda_c \\ 0 & \text{当} \ 1 < \lambda < \lambda_c \end{cases} \\
\bar{S}(t) = (\dot{\lambda}/\dot{\lambda}_c)^{0.04} \int_0^t E(t - \tau) \dfrac{\partial \lambda}{\partial \tau} \, d\tau \\
S(t) = (1 - \omega)\bar{S}(t) \\
\omega_c = \dfrac{L_c \cdot h}{A_{c0}} \theta_c \quad (\theta_{0°} = 1, \theta_{45°} = 0.7071, \theta_{75°} = 0.2588)
\end{cases}
\tag{4-29}
$$

4.7.3　粘弹性损伤模型的时间增量形式

根据伸长比与应变的关系 $\lambda = 1 + \varepsilon$，$\dot{\lambda} = \dot{\varepsilon}$，$\dot{\varepsilon}_r = 1$，式（4-29）可改写为：

$$
q_t = \frac{S_t}{1 - \omega_t} = (\dot{\varepsilon}_t)^a \int_0^t E(t - \tau) \frac{\partial \varepsilon}{\partial \tau} \, d\tau
\tag{4-30}
$$

在时间 $t + \Delta t$，这可以表示为：

$$
q_t + \Delta t = \frac{S_t + \Delta t}{1 - \omega_{t+\Delta t}} = (\dot{\varepsilon}_{t+\Delta t})^a \int_0^{t+\Delta t} E(t + \Delta t - \tau) \frac{\partial \varepsilon}{\partial \tau} \, d\tau
\tag{4-31}
$$

对于较小的增量时间 Δt，可以得到如下近似公式：

$$
\dot{\varepsilon}_t \approx \dot{\varepsilon}_t = \frac{\varepsilon_{t+\Delta t} - \varepsilon_t}{\Delta t} = \frac{\Delta_{\varepsilon_{t+\Delta t}}}{\Delta t}
\tag{4-32}
$$

式 (4-32) 与式 (4-30) 两式相减得到：

$$\Delta_{q_t+\Delta t} = q_t + \Delta t - q_t = \left[E_0 + \sum_{n=1}^{N} \alpha^n(\Delta t) \right] \left(\frac{\Delta \varepsilon_{t+\Delta t}}{\Delta t} \right)^a \Delta \varepsilon_{t+\Delta t} -$$

$$\sum_{n=1}^{N} \left[1 - \exp(-\Delta t / \tau_n) \right] q_t^n \tag{4-33}$$

其中：

$$q_t^n = (\Delta \varepsilon_{t+\Delta t} / \Delta t)^a \int_0^t E_n \exp\left[-(t-\tau)/\tau_n \right] \frac{\partial \varepsilon}{\partial \tau} \mathrm{d}\tau \tag{4-34}$$

$$\alpha^n(\Delta t) = E_n \tau_n \left[1 - \exp(-\Delta t / \tau_n) \right] / \Delta t \tag{4-35}$$

那么，时间 $t + \Delta t$ 的应力增量可以表示为：

$$\Delta S_{t+\Delta t} = S_{t+\Delta t} - S_t = (1 - \omega_{t+\Delta t}) \Delta q_{t+\Delta t} - \frac{\Delta \omega_{t+\Delta t} S_t}{1 - \omega_t} \tag{4-36}$$

至此，得到 HTPB 推进剂粘弹性损伤模型。

4.7.4　粘弹性损伤模型的三维形式

为了用本构模型分析三维变形，需要将一维本构模型扩展到三维。在本节中，HTPB 推进剂被假定为各向同性和不可压缩的材料。结合 Cauchy 应力与工程应力、对数应变与工程应变的关系[116]，可得到非线性粘弹性与损伤的三维增量本构关系如下：

$$\Delta \boldsymbol{\sigma}_{t+\Delta t} = \boldsymbol{D}(1 - \omega_{t+\Delta t}) \left[E_0 + \sum_{n=1}^{N} \alpha^n(\Delta t) \right] \cdot$$

$$\left[2\exp(2\varepsilon_t^e) - \exp(\varepsilon_t^e) \right] \left[\exp(\varepsilon_t^e) \Delta \varepsilon_{t+\Delta t}^e / \Delta t \right]^a \cdot$$

$$\Delta \boldsymbol{\varepsilon}_{t+\Delta t} - \sum_{n=1}^{N} \left[1 - \exp(-\Delta t / \tau_n) \right] \boldsymbol{\sigma}_t^n - \Delta \omega_{t+\Delta t} \boldsymbol{\sigma}_t / (1 - \omega_t) \tag{4-37}$$

其中：

$$\boldsymbol{\sigma}_t^n = (1 - \omega_{t+\Delta t}) \left[2\exp(2\varepsilon_t^e) - \exp(\varepsilon_t^e) \right] \left[\exp(\varepsilon_t^e) \Delta \varepsilon_{t+\Delta t}^e / \Delta t \right]^a \cdot$$

$$\int_0^t E_n \exp\left[-(t-\tau)/\tau_n \right] \frac{\partial \varepsilon}{\partial \tau} \mathrm{d}\tau \tag{4-38}$$

$$\Delta \boldsymbol{\sigma} = \begin{bmatrix} \Delta \sigma_{11} & \Delta \sigma_{22} & \Delta \sigma_{33} & \Delta \sigma_{12} & \Delta \sigma_{13} & \Delta \sigma_{23} \end{bmatrix}^T \tag{4-39}$$

$$\Delta \boldsymbol{\varepsilon} = \begin{bmatrix} \Delta \varepsilon_{11} & \Delta \varepsilon_{22} & \Delta \varepsilon_{33} & \Delta \varepsilon_{12} & \Delta \varepsilon_{13} & \Delta \varepsilon_{23} \end{bmatrix}^T \tag{4-40}$$

$$\boldsymbol{D} = \begin{bmatrix} a & b & b & 0 & 0 & 0 \\ b & a & b & 0 & 0 & 0 \\ b & b & a & 0 & 0 & 0 \\ 0 & 0 & 0 & c & 0 & 0 \\ 0 & 0 & 0 & 0 & c & 0 \\ 0 & 0 & 0 & 0 & 0 & c \end{bmatrix} \tag{4-41}$$

其中：$a = \dfrac{1-\nu}{(1+\nu)(1-2\nu)}$，$b = \dfrac{\nu}{(1+\nu)(1-2\nu)}$，$c = \dfrac{1}{2(1+\nu)}$。

由式（4-36）得到 Mises 等效应变 ε^e 为：

$$\varepsilon^e = \frac{\sqrt{(\varepsilon_{11}-\varepsilon_{22})^2 + (\varepsilon_{33}-\varepsilon_{22})^2 + (\varepsilon_{11}-\varepsilon_{33})^2 + 6(\varepsilon_{12}^2 + \varepsilon_{23}^2 + \varepsilon_{31}^2)}}{\sqrt{2}(1+\nu)} \tag{4-42}$$

结合式（4-36）和式（4-41）：

$$\frac{\partial \Delta\sigma_{t+\Delta t}}{\partial \Delta\varepsilon_{t+\Delta t}} = D(1-\omega_{t+\Delta t})\left[E_0 + \sum_{n=1}^{N}\alpha^n(\Delta t)\right]\left[2\exp(2\varepsilon_t^e) - \exp(\varepsilon_t^e)\right] \cdot$$
$$\left[\exp(\varepsilon_t^e)\Delta\varepsilon_{t+\Delta t}^e/\Delta t\right]^a \tag{4-43}$$

至此得到三维下的粘弹性损伤模型。

4.8 本 章 小 结

（1）在低速率（小于 10 mm/min）单轴拉伸下，推进剂的裂纹扩展呈现明显的三阶段，即线性阶段、屈服阶段和失效阶段。但是在高速率（500 mm/min）单轴拉伸下，推进剂的裂纹扩展并没有明显的屈服阶段，直接从线性阶段到了失效阶段，并且失效阶段持续时间较短。在 0°裂纹试件、45°裂纹试件、75°裂纹试件和未预制裂纹试件组中，速率对于极限应变的影响很大，在 2 mm/min、10 mm/min 和 500 mm/min 中极限破坏应变逐渐降低，这是由于拉伸速率的增加，材料发生断裂中脆性破坏的占比增大。

（2）通过使用显微摄像技术观察了 HTPB 推进剂断面的微观形态，结果显示推进剂中的固体颗粒填充比例相对较高，颗粒相互聚集形成团簇并且环绕着基质。这些颗粒中有些较小，有些较大，它们嵌在基质中。颗粒多呈球形或椭球形，表面光滑，但也存在一些孔隙和微小裂缝等缺陷。

（3）预制裂纹 HTPB 推进剂试件在拉伸时会发生"Z"字形扩展，并且会发展成为在边缘向横向裂纹转变的趋势，这一规律与 Theocaris 所提出的 T 准则相吻合。

（4）HTPB 固体推进剂在单轴拉伸下的裂纹扩展速率与 I 型应力强度因子存在幂函数关系，与 Schapery 理论中的结论相吻合。

（5）提出了基于 Weibull 分布的 HTPB 推进剂非线性损伤模型并生成 UMAT 子程序。

5 HTPB 推进剂预制裂纹损伤 XFEM 仿真研究

在 XFEM（扩展有限元法）理论出现之前，对于裂纹的静态模拟（也就是断裂模拟），一般都会在模型中事先设置好裂纹，并通过不断细化网格来模拟裂纹的轮廓。而对于动态模拟（也就是损伤模拟），通常会采用基于统计原理的 Paris[117] 方法。然而，将断裂和损伤的问题结合起来，一直没有得到有效的解决。这是因为断裂力学中认可裂纹尖端的应力奇异现象（就是靠近裂尖的区域应力值会变得无穷大），并且尽可能地绕开这个区域。但是，损伤力学无法回避这个问题，因为裂纹通常都是从尖端开始扩展的。

传统的数值模拟方法使用有限元法基于连续介质理论进行计算，但在裂纹尖端处需要对网格加密或使用奇异单元，这导致了操作复杂等问题。为了克服这些问题，发展出了基于有限元法的扩展有限元法（XFEM）裂纹计算方法。该方法将跳跃函数和裂尖增强函数加入有限元位移函数中，简化了模型建模过程，无须对裂纹几何进行网格划分，裂纹可以在单元边的内部通过。此外，XFEM 方法不需要设置裂纹扩展面，在最危险点处开始断裂，可以更准确地模拟真实的裂纹扩展情况。

5.1 XFEM 基本思想和推进剂裂纹扩展 XFEM 仿真建模

5.1.1 XFEM 基本思想

XFEM 的基本思想就是单位分解法，将形函数进行"扩充"，通过额外改进函数的位移插值函数来解决特殊问题（裂纹、夹杂、孔洞等）的位移场[118]。

任意一点的位移可以通过以下插值函数求得：

$$\begin{Bmatrix} u^h(x) \\ v^h(x) \end{Bmatrix} \sum_{i \in \Omega} N_i(x) \begin{Bmatrix} u_i \\ v_i \end{Bmatrix} + \sum_{j \in \Omega_\Gamma} N_j(x) H(x) \begin{Bmatrix} a_{1j} \\ a_{2j} \end{Bmatrix} + \sum_{m \in \Omega_\Lambda} N_m(x) [L]^{\mathrm{T}} \begin{Bmatrix} u_m^{\mathrm{tip}} \\ v_m^{\mathrm{tip}} \end{Bmatrix} \quad (5\text{-}1)$$

式中，$H(x)$ 为跳跃函数，在局部坐标系下如图 5-1 所示，定义为：

$$H(x', y') = \begin{cases} +1 & \text{当 } y' > 0 \\ -1 & \text{当 } y' < 0 \end{cases} \quad (5\text{-}2)$$

式中，N_i 为结点形函数；Ω 为整个区域；Ω_Γ 为裂缝完全贯穿的单元区；Ω_Λ 为裂尖单元区；$\begin{Bmatrix} u_i \\ v_i \end{Bmatrix}$ 为结点位移；$\begin{Bmatrix} a_{1j} \\ a_{2j} \end{Bmatrix}$ 为结点与 Heaviside 函数有关的加强自由度；$\begin{Bmatrix} u_m^{tip} \\ v_m^{tip} \end{Bmatrix}$ 为裂尖渐进位移场；$[L]$ 矩阵为缝尖局部坐标与整体坐标系间的坐标转换矩阵。

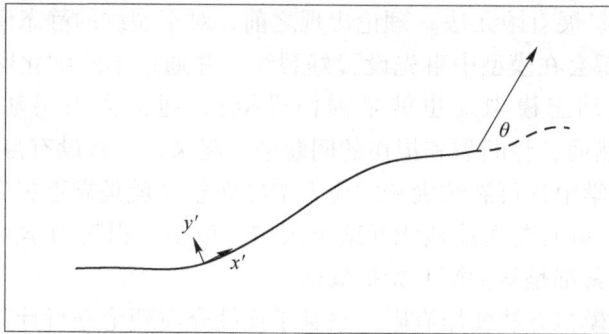

图 5-1　局部坐标系

在混合模式裂纹中，局部坐标下的裂尖渐进位移场表达式为（截取前 k 项）：

$$\begin{pmatrix} u^{tip} \\ v^{tip} \end{pmatrix} = \sum_{n=1}^{k} \begin{bmatrix} f_{11n} & f_{12n} \\ f_{21n} & f_{22n} \end{bmatrix} \begin{Bmatrix} K_{1n} \\ K_{2n} \end{Bmatrix} \tag{5-3}$$

式中，K_{1n}、K_{2n} 为系数，K_{11}、K_{21} 为均匀各向同性材料的 I 型和 II 型应力强度因子。位移模式构造后，就可以和常规有限元方法一样，得到裂尖的应力强度因子。

5.1.2　HTPB 推进剂材料断裂参数临界值

要利用扩展有限元方法进行裂纹扩展计算，需要输入适当的断裂准则。在有限元分析软件中，断裂准则用于判断裂纹是否会扩展以及扩展方向。常用的断裂准则包括最大主应力准则和最大能量释放率准则等。本节的断裂准则基于最大拉应变理论，结合前文得到的推进剂断裂应变数据以及文献［119］中的拉伸断裂试验来确定推进剂材料的断裂参数。

5.1.3　HTPB 推进剂裂纹扩展 XFEM 仿真建模

要在有限元软件 Abaqus 中使用该模型，必须对 UMAT（用户定义的材料机械行为）进行编程。有限元软件 Abaqus 为用户提供了一个接口，可以通过编写材料子程序来自定义材料的本构关系。UMAT 的计算过程主要是根据 Abaqus 主程序传来的应变增量、时间步等自定义状态变量，利用本构模型的增量方程求解当前增量步的应力增量和 Jacobian 矩阵，最后，将更新后的应力矩阵和 Jacobian 矩阵返回给主程序。其过程示意如图 5-2 所示。

在进行 XFEM 有限元仿真时，推进剂本构模型来自第 2 章，部分参数参考文献 [120]，借助 UMAT 子程序接口，将 4.7 节的推进剂损伤本构模型嵌入 Abaqus 软件，进行一系列计算。

本节使用 XFEM 将裂纹扩展模拟为网格单元断裂。在建模过程中，裂纹和网格是独立的。在 Abaqus 中，裂缝以部件的形式表示。在 2D 条件下，裂纹是一条线，而在 3D 条件下，裂纹是一个曲面。裂纹与没有材料属性的有限元模型相结合。有限元

图 5-2 UMAT 示意图

模型长 70 mm，宽 10 mm，裂纹尺寸 2 mm，加载速率 2 mm/min。参照第 4 章的裂纹预制方式和编号方式，采用四节点四边形单元，采用自由啮合技术，取消使用缩减积分，C1 和 C2 形成 7381 个单元，C3 形成 11421 个单元。

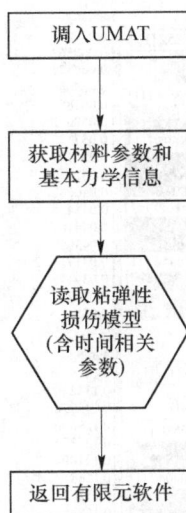

5.2 HTPB 推进剂预制裂纹损伤 XFEM 仿真结果

5.2.1 XFEM 仿真与试验对比

各组试样的轴向应变分布 DIC 应变云图如图 5-3 ~ 图 5-5 所示。选择 5%、11%、16% 和 22% 应变的 DIC 云图。可以看出，样品表面的云图范围不涉及两个边缘位置，而是偏离了某个位置。这样做的主要原因是为了满足测试过程中的精度要求，并应用了两个相机。当瞄准标本本身时，相机看不到标本的左右边缘角落区域。因此，在执行 2D 坐标重建时会丢失两个边缘数据。然而，这种限制对位移变化的影响可以被忽略而不影响最终结果。组图的从左边起依次是 DIC 云图、显微影像和 XFEM 云图。

在裂纹开始扩展之前，C1、C2 和 C3 组裂纹是属于 I-II 复合型裂纹，但随着载荷的增加，会逐渐转变成 I 型裂纹，即张开型裂纹。在加载初期，裂纹尖端会出现应力集中，导致裂纹尖端开始受损。图 5-3 ~ 图 5-5 展示了这种情况。随着加载过程的继续，裂纹尖端的应力会逐渐增加。当损伤达到一定程度时，初始裂纹会开始扩展，裂纹尖端附近的载荷会随着拉伸的进行而逐渐增

(a)

(b)

(c)

(d)

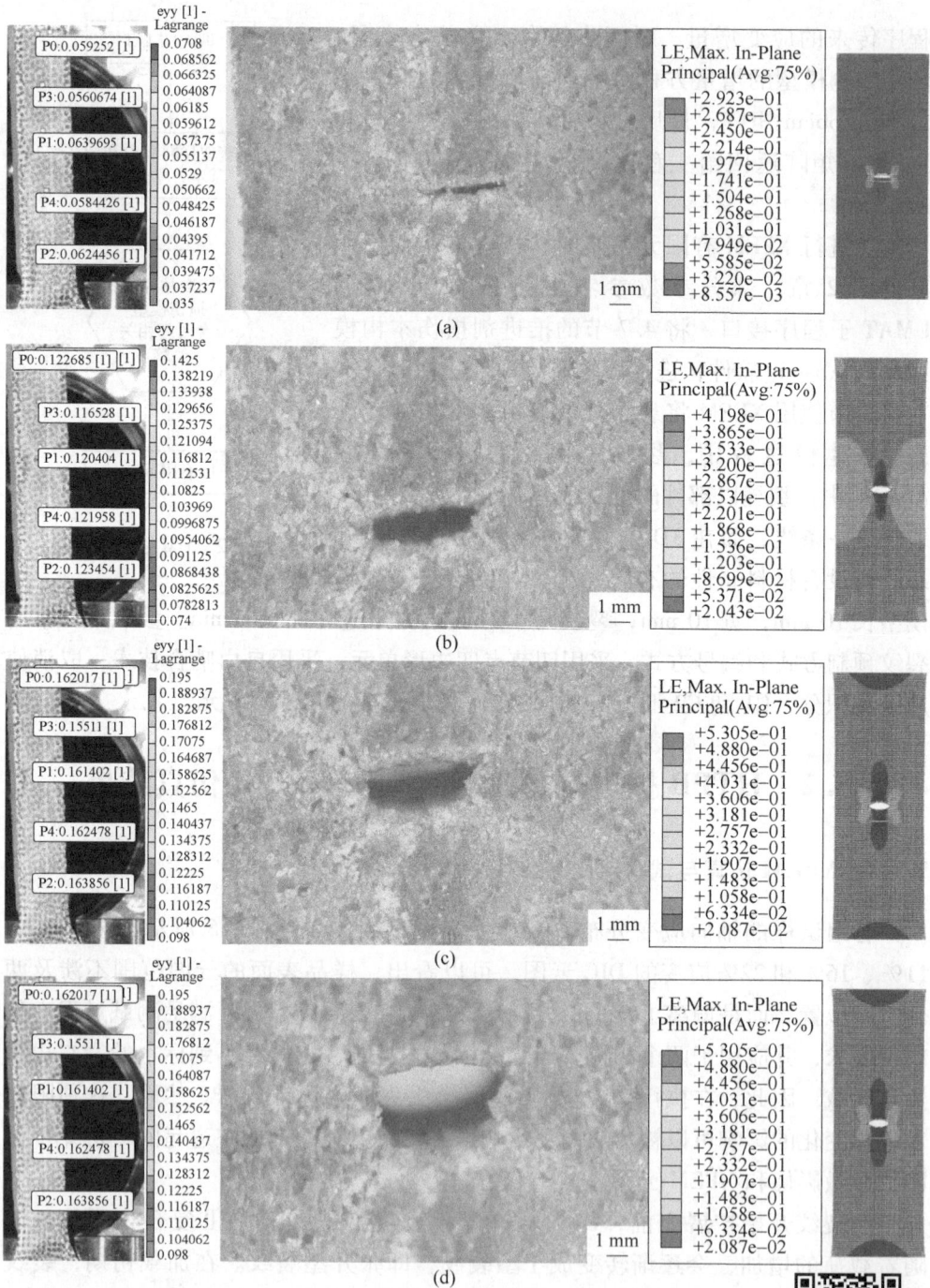

图 5-3   C1 裂纹试样在不同拉伸应变下的试验与 XFEM 对比

(a) $\varepsilon = 5\%$ ；(b) $\varepsilon = 11\%$ ；(c) $\varepsilon = 16\%$ ；(d) $\varepsilon = 22\%$

图 5-3 彩图

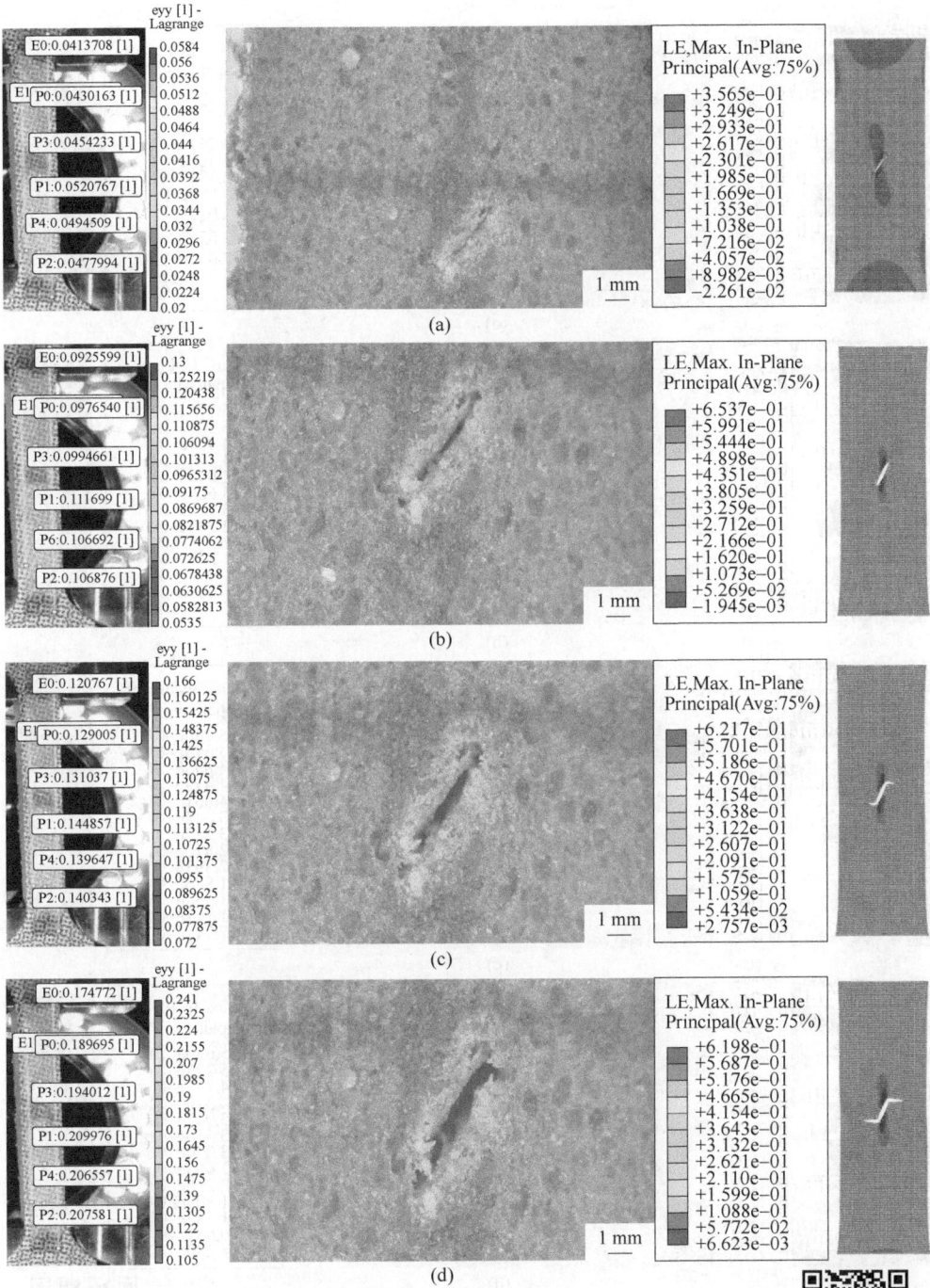

图 5-4 C2 裂纹试样在不同拉伸应变下的试验与 XFEM 对比

(a) $\varepsilon = 5\%$; (b) $\varepsilon = 11\%$; (c) $\varepsilon = 16\%$; (d) $\varepsilon = 22\%$

图 5-4 彩图

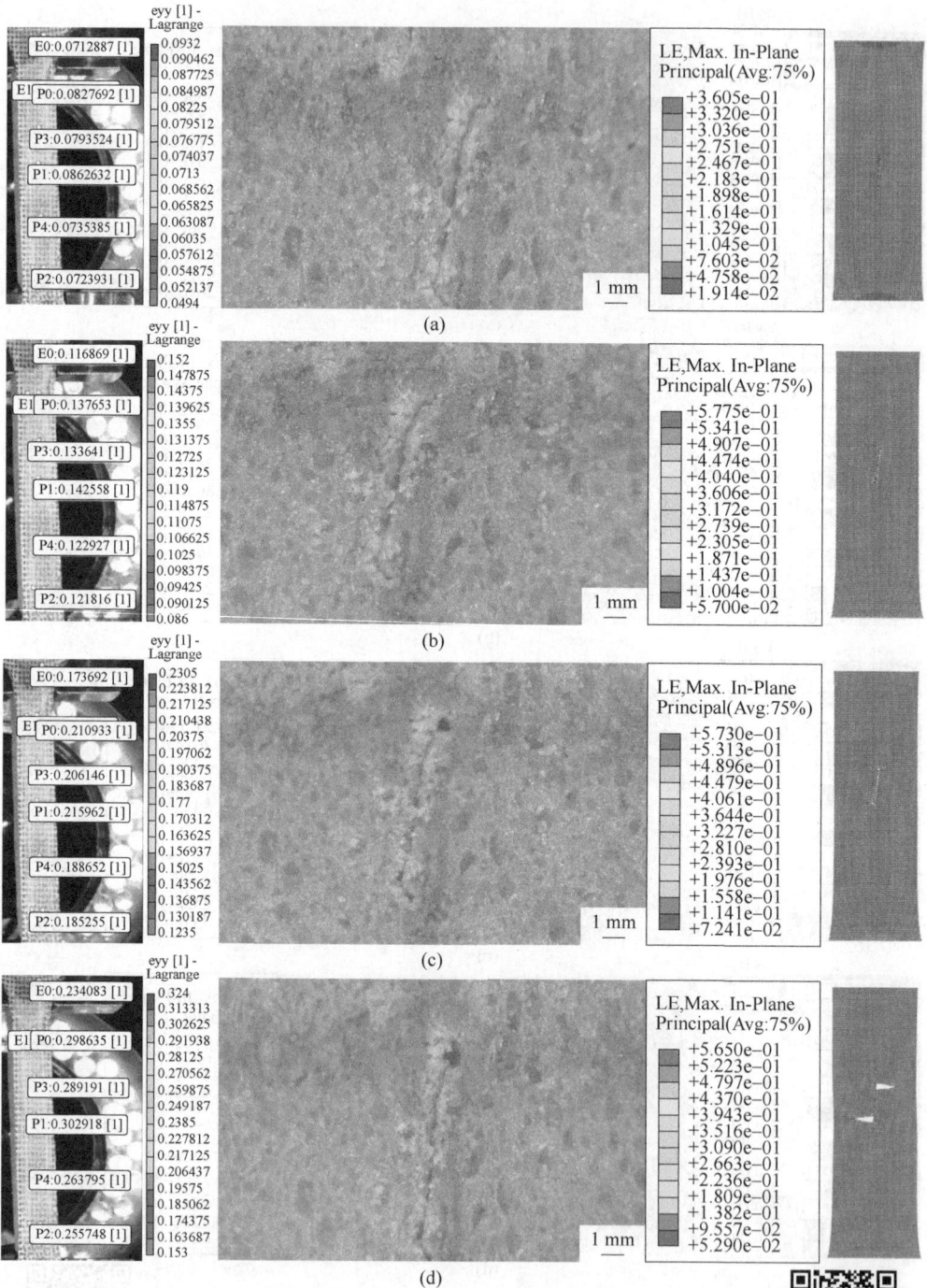

图 5-5　C3 裂纹试样在不同拉伸应变下的试验与 XFEM 对比

（a）$\varepsilon = 5\%$；（b）$\varepsilon = 11\%$；（c）$\varepsilon = 16\%$；（d）$\varepsilon = 22\%$

图 5-5 彩图

大。当载荷达到高峰时，裂纹会开始稳步扩大，并持续较长时间。当载荷增加到一定程度时，裂纹会进入不稳定状态，扩张速度会加速，但这种不稳定状态持续时间较短。

5.2.2　XFEM 仿真结果分析

最大应变云图和试件裂纹张开情况如图 5-6 所示。

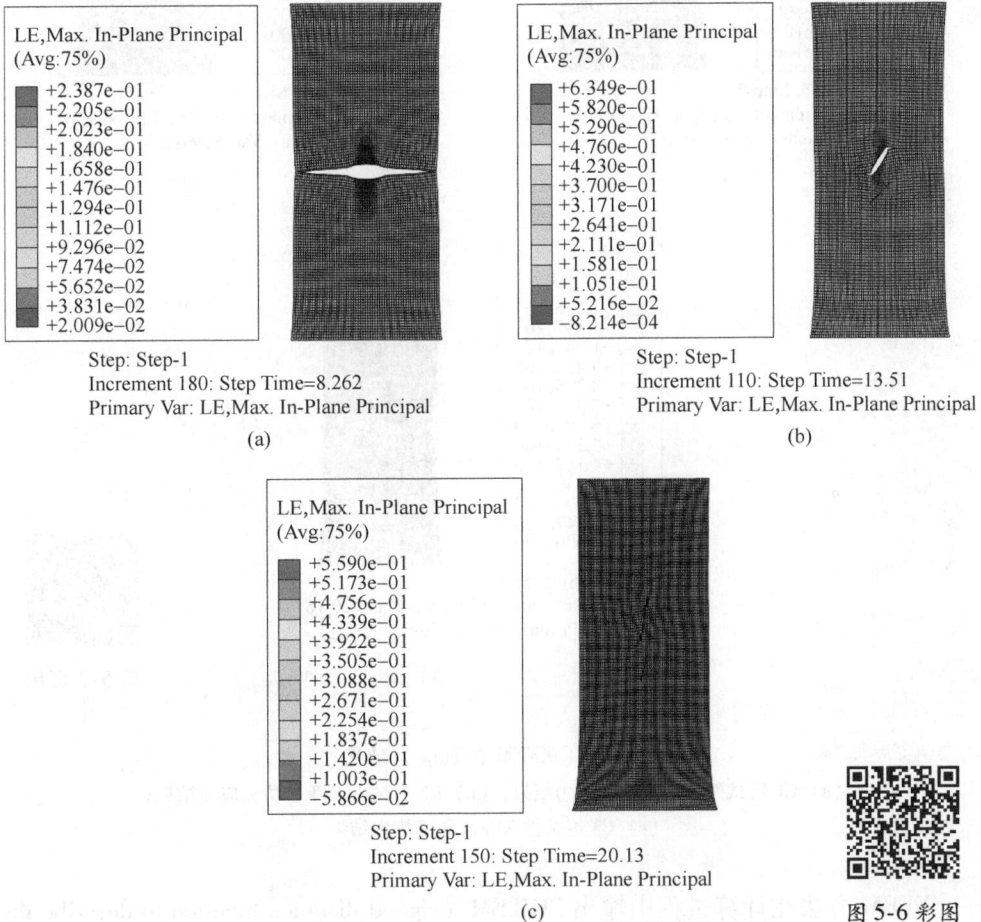

图 5-6　XFEM 仿真应变结果
(a) C1 组试件 XFEM 仿真应变结果；(b) C2 组试件 XFEM 仿真应变结果；
(c) C3 组试件 XFEM 仿真应变结果

最大应力和试件裂纹张开情况如图 5-7 所示。

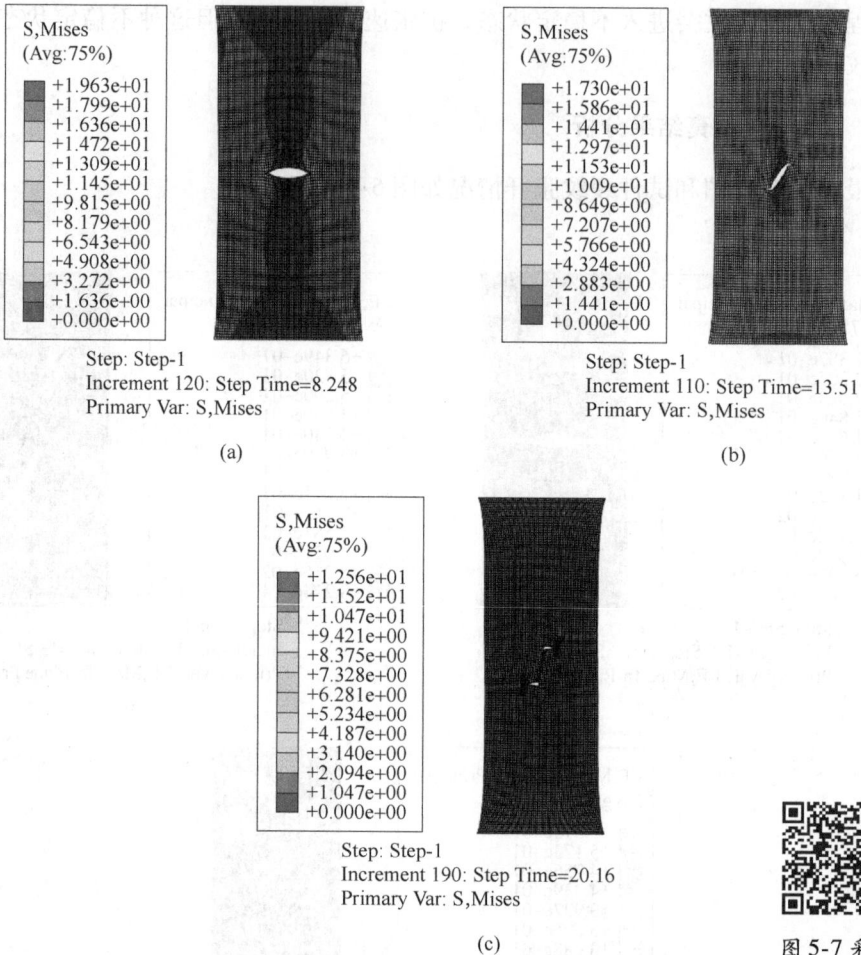

Step: Step-1
Increment 120: Step Time=8.248
Primary Var: S,Mises

(a)

Step: Step-1
Increment 110: Step Time=13.51
Primary Var: S,Mises

(b)

Step: Step-1
Increment 190: Step Time=20.16
Primary Var: S,Mises

(c)

图 5-7 彩图

图 5-7　XFEM 仿真应力结果
（a）C1 组试件 XFEM 仿真应力结果；（b）C2 组试件 XFEM 仿真应力结果；
（c）C3 组试件 XFEM 仿真应力结果

　　XFEM 方法在计算过程中输出 PHILSM（signed distance function to describe the crack surface）和 PSILSM（signed distance function to describe the initial crack front）[121] 来描述裂纹状态，其中 PHILSM 是一种符号距离函数，它使用指定的位移函数来描述裂纹表面。具体而言，它用符号距离函数来描述裂纹表面的形态。PSILSM 是一种符号距离函数，它用来描述初始裂纹的前沿并且能够描述裂纹的扩展过程。

　　对 ABAQUS inp 文件进行处理后，得到裂纹长度与失效体积随时间历程的关系，如图 5-8 所示。从失效裂纹总长度的时间历程曲线可以看出，C1 在 8 s 之前并未显著增加裂纹长度。8 s 后，裂纹长度显著增加，直至试样最大宽度为 10 mm。C2 从 13 s 开始破解，C3 从 20 s 开始破解。在裂纹萌生时间方面，C3 组的失效难度更大。与总裂缝量的时程曲线相对应，C1、C2 和 C3 的裂缝量也分别在 8 s、13 s 和 20 s 出现显著增加，与总裂缝长度时程相对应。

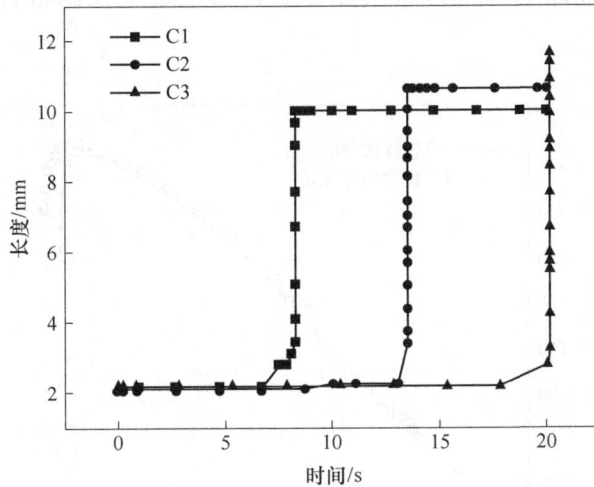

(a)

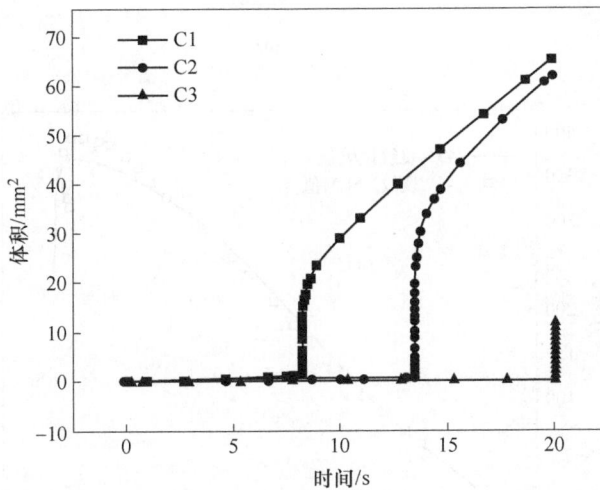

(b)

图 5-8 裂纹长度和失效体积

（a）裂缝长度时程曲线；（b）断裂体积时程曲线

5.2.3　XFEM 仿真与试验应力应变数据对比

　　在 10 mm/min 拉伸速率下，推进剂 XFEM 仿真和试验应力-应变数据如图 5-9 所示，数据来自试验和仿真对应裂纹尖端附近的点，其中实线是试验结果，离散点是 XFEM 仿真结果。XFEM 仿真数据与试验数据之间的误差非常小，这意味着损伤模型与 XFEM 方法结合能够准确地预测材料在应力-应变试验中的响应。

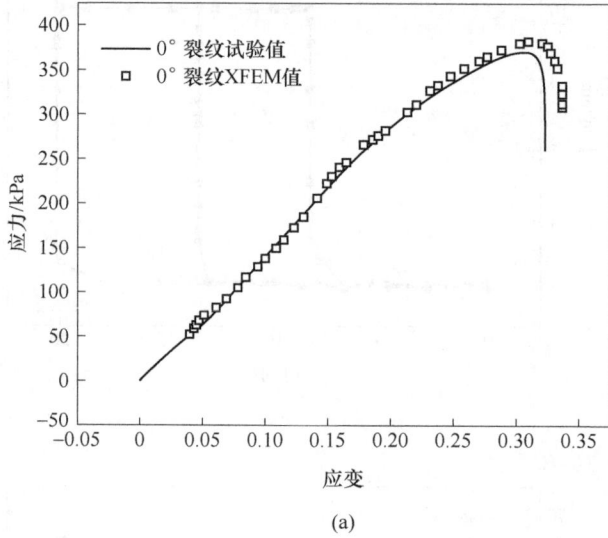

(a)

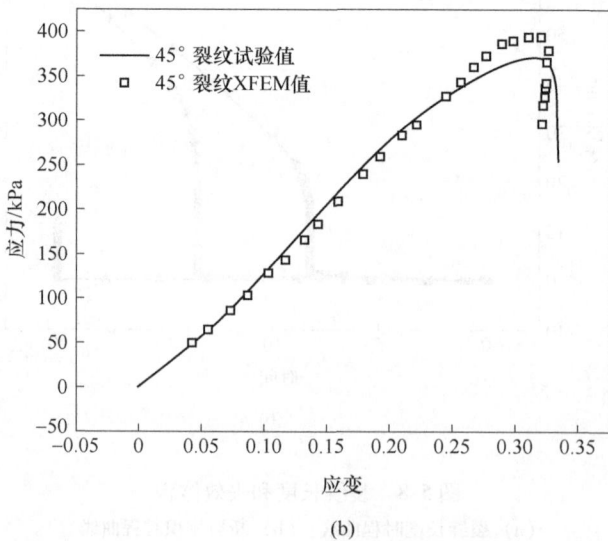

(b)

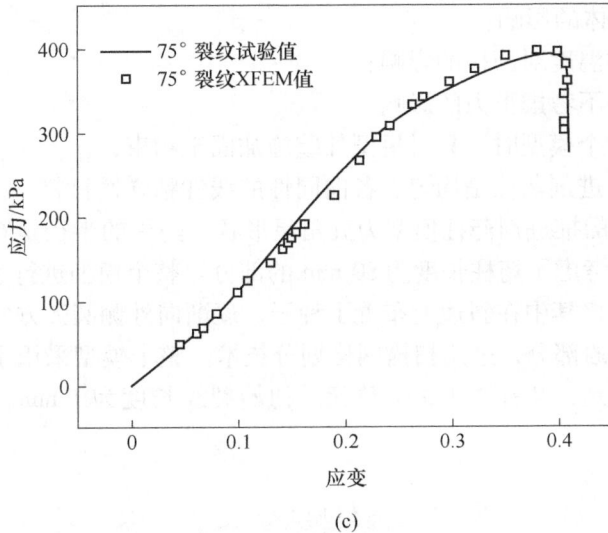

(c)

图 5-9 仿真与试验应力-应变对比

（a）0°裂纹仿真与试验对比；（b）45°裂纹仿真与试验对比；（c）75°裂纹仿真与试验对比

5.3 HTPB 预制裂纹药柱在内压载荷下的 裂纹扩展分析

在启动固体火箭发动机时，推进剂药柱的燃烧会导致发动机内部温度和压力迅速升高，这是固体火箭动力系统中的关键过程。通常在 0.1 s 内，发动机内部的压力就会达到最高峰，之后内压会逐渐降低。这个瞬间产生的极高压力可能会引起发动机结构的破坏，因此，对于固体火箭发动机的设计和性能要求，必须确保其能够承受住这种高压力的冲击并保持完好的结构。

在这个过程中，推进剂药柱材料本身的导热性较差，所以内压成为导致推进剂药柱破坏的主要因素。如果发动机能够承受住最大内压的冲击且保证结构的完好，那么在其他阶段，发生破坏的概率就很小。然而，即使固体火箭动力系统能够承受住这种高压力，裂纹扩展问题仍然是一个需要考虑的关键问题。

因此，本章利用扩展有限元方法对推进剂药柱在这种工况下的裂纹扩展情况进行分析。通过模拟发动机内部高压力下的应力分布，可以更好地理解裂纹扩展的行为，并提出更有效的解决方案来避免推进剂药柱破坏的发生。这项工作对固体火箭发动机的可靠性和性能提升具有重要的意义。

在本节中，为了方便计算并在计算精度允许的范围内，做出了以下基本假设：

（1）在计算药柱内表面裂纹时，只考虑推进剂药柱粘弹性体本身，暂时不考虑绝热层和壳体的影响；

（2）只考虑温度对药柱的影响；

（3）计算中不考虑重力的影响；

（4）计算整个模型时，只对星型外壁施加固定约束；

（5）假设推进剂药柱是均匀、各向同性的线性粘弹性材料。

本节所选取的推进剂药柱模型为五角星形状，药柱的半径是 60 mm，为了加快计算速度，只考虑了药柱长度为 80 mm 的部分。整个模型进行了网格划分，单元类型为 CPS8R，其中在斜边上布置了种子，逐渐向外侧圆弧方向加密。对于裂纹扩展范围之外的部分，采用扫描网格划分技术。整个模型采用了 8 节点 6 面体线性完全积分单元，共有 23343 个单元。初始裂纹长度为 1 mm。以上内容详见图 5-10。

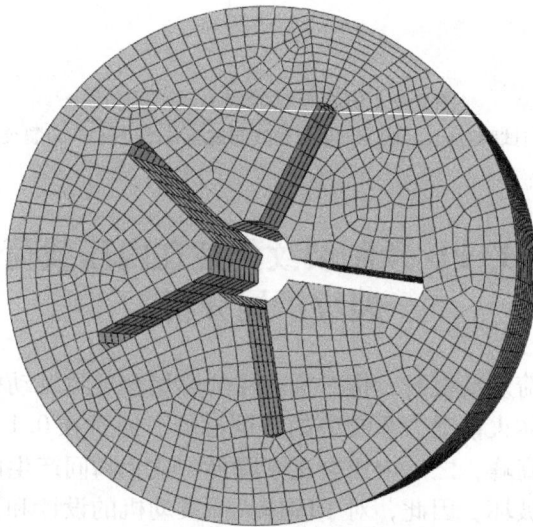

图 5-10　模型示意图

药柱的初始裂纹长度为 1 mm，因此该模型的主要关注点是裂纹扩展过程。在加载药柱时，裂纹会随着药柱内部的应力变化而扩展。在加载过程中，位移云图会显示出药柱各个部分的位移情况。在药柱的破坏状态下，位移云图应该呈现出均匀的变形情况。然而，在裂纹扩展过程中，位移云图会显示出裂纹两侧的位移不同，由于裂纹的扩展导致药柱的局部损伤，进而引起不均匀的变形和应力分布。云图会呈现出类似于倒"V"字形的图案。随着裂纹的扩展，倒"V"字形图案会逐渐变宽，直到药柱最终破坏。

整体位移分布和过渡圆弧处位移分布如图 5-11 所示。观察图 5-11 可以清楚地看到，位移的分布具有规律性，最大的位移发生在图形中的裂纹尖端区域，也就是五角星型药柱的过渡圆弧处，此处为药柱的危险区域。当最大应力或者应变超过了材料的强度极限时，在过渡圆弧处最容易产生材料失效或断裂。并且位移的分布具有对称性且有明显的位移梯度，在根部的变形较大。

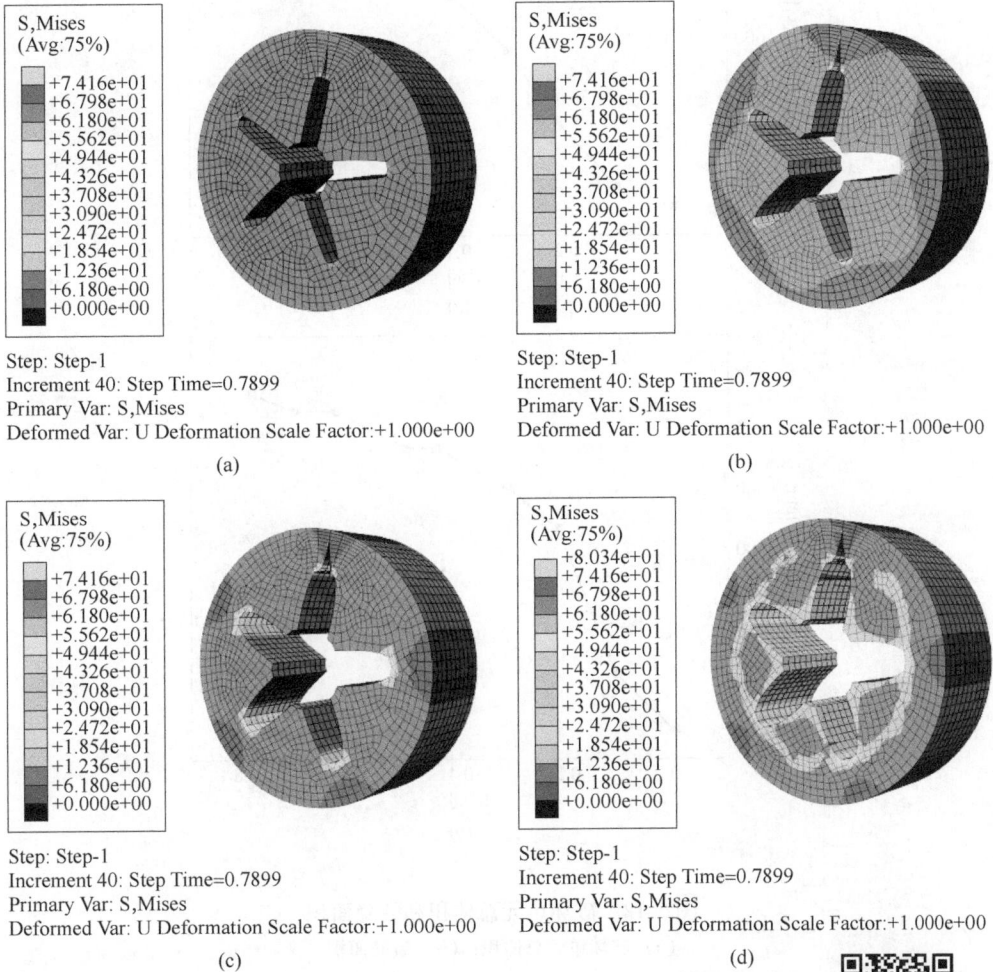

S,Mises
(Avg:75%)

+7.416e+01
+6.798e+01
+6.180e+01
+5.562e+01
+4.944e+01
+4.326e+01
+3.708e+01
+3.090e+01
+2.472e+01
+1.854e+01
+1.236e+01
+6.180e+00
+0.000e+00

Step: Step-1
Increment 40: Step Time=0.7899
Primary Var: S,Mises
Deformed Var: U Deformation Scale Factor:+1.000e+00

(a)

S,Mises
(Avg:75%)

+7.416e+01
+6.798e+01
+6.180e+01
+5.562e+01
+4.944e+01
+4.326e+01
+3.708e+01
+3.090e+01
+2.472e+01
+1.854e+01
+1.236e+01
+6.180e+00
+0.000e+00

Step: Step-1
Increment 40: Step Time=0.7899
Primary Var: S,Mises
Deformed Var: U Deformation Scale Factor:+1.000e+00

(b)

S,Mises
(Avg:75%)

+7.416e+01
+6.798e+01
+6.180e+01
+5.562e+01
+4.944e+01
+4.326e+01
+3.708e+01
+3.090e+01
+2.472e+01
+1.854e+01
+1.236e+01
+6.180e+00
+0.000e+00

Step: Step-1
Increment 40: Step Time=0.7899
Primary Var: S,Mises
Deformed Var: U Deformation Scale Factor:+1.000e+00

(c)

S,Mises
(Avg:75%)

+8.034e+01
+7.416e+01
+6.798e+01
+6.180e+01
+5.562e+01
+4.944e+01
+4.326e+01
+3.708e+01
+3.090e+01
+2.472e+01
+1.854e+01
+1.236e+01
+6.180e+00
+0.000e+00

Step: Step-1
Increment 40: Step Time=0.7899
Primary Var: S,Mises
Deformed Var: U Deformation Scale Factor:+1.000e+00

(d)

图 5-11 XFEM 仿真结果

图 5-11 彩图

药柱整体破坏过程中的破坏单元总体积和裂缝面积如图 5-12 所示。在 0.2 s 之前，裂纹迅速增长，在 0.2~0.6 s 继续平稳增长，在 0.6 s 之后增长放缓。

（a）

（b）

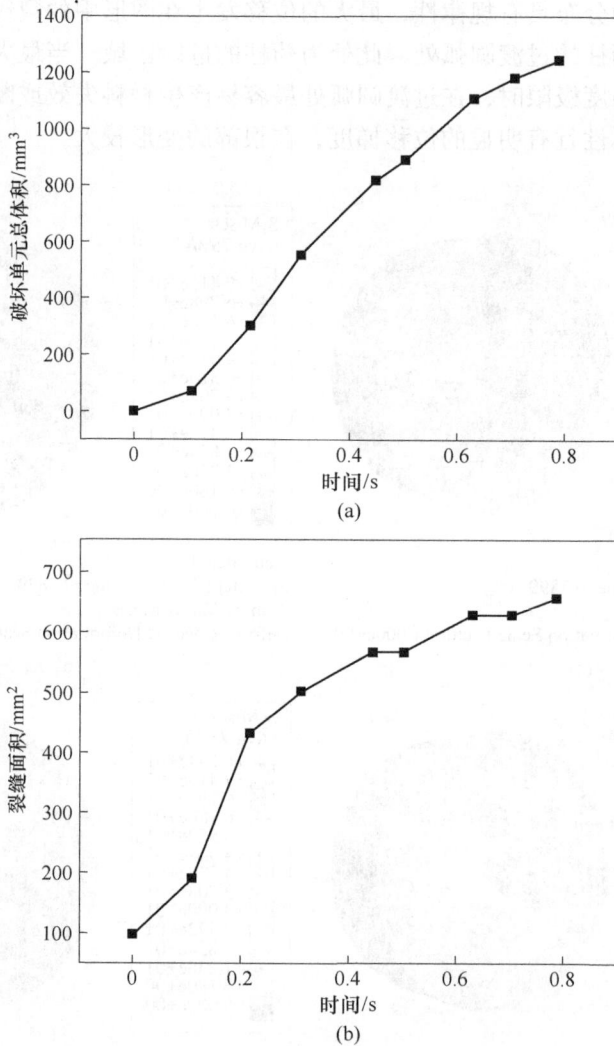

图 5-12 破坏单元总体积和裂缝面积
（a）破坏单元总体积；（b）裂缝面积

在模拟仿真中，边界条件是非常重要的因素之一。它们描述了系统的外部环境，并对系统中的物理现象施加了限制。因此，在建立仿真模型时，必须考虑适当的边界条件来确保模型的准确性和可靠性。

本节的载荷为模型外围施加持续增大的压力，压力增加到 10% 应变停止，模型不发生相对环境的位移、旋转和温度变化。

根据图 5-13(a) 显示的 J 积分变化情况，可以看出 J 积分总体呈现逐渐减小的线性趋势。这也表明，随着裂纹扩展的进行，裂纹的扩展能力逐渐减弱，且呈现出基本的线性减弱趋势。强度单位统一为 $\mathrm{MPa} \cdot \sqrt{\mathrm{mm}}$。如图 5-13(b) ~ (d) 所示，随着裂纹扩展，应力强度因子 K_1 基本呈现线性减少的趋势，K_2 则呈现加速减少的趋势，K_3 则基本上呈现波动变化。当裂纹长度为 10 mm 时，K_1、K_2 和 K_3 的数值分别为 0.180、0.100 和 0.087，这表明裂纹类型为 K_1、K_2 和 K_3 复合型。而当裂纹长度增加一个数值时，即 $a = 50$ mm 时，K_1、K_2 和 K_3 的值分别为 0.100、0.075 和 0.105，此时 K_2 的值比 K_1 和 K_3 小 1 个数量级，这表明裂纹类型为 K_1、K_2 和 K_3 复合型，同时表明随着裂纹扩展，裂纹类型发生了转变。

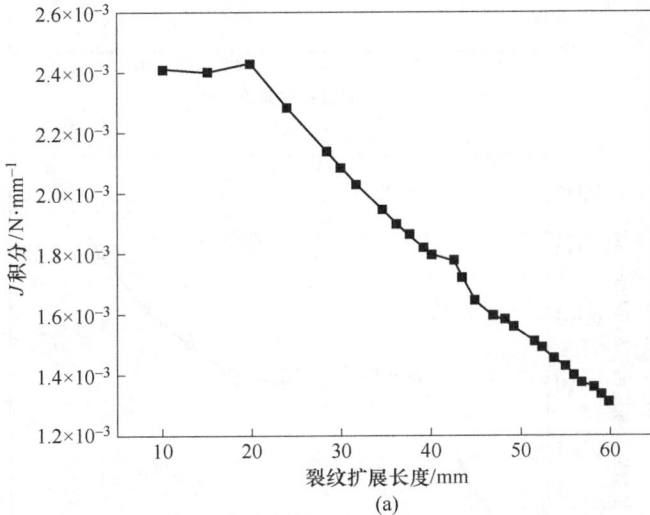

(a)

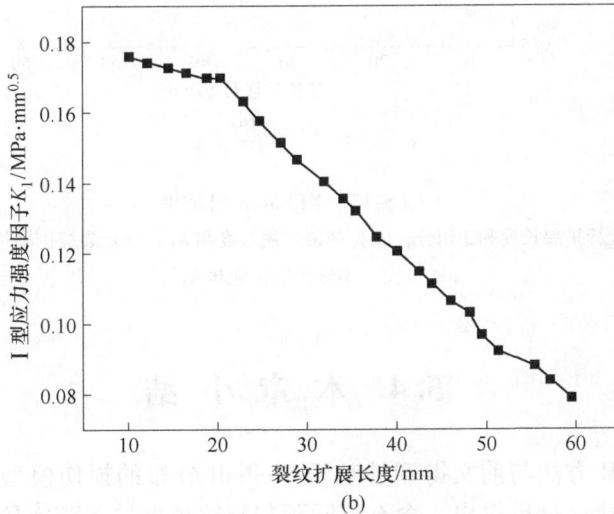

(b)

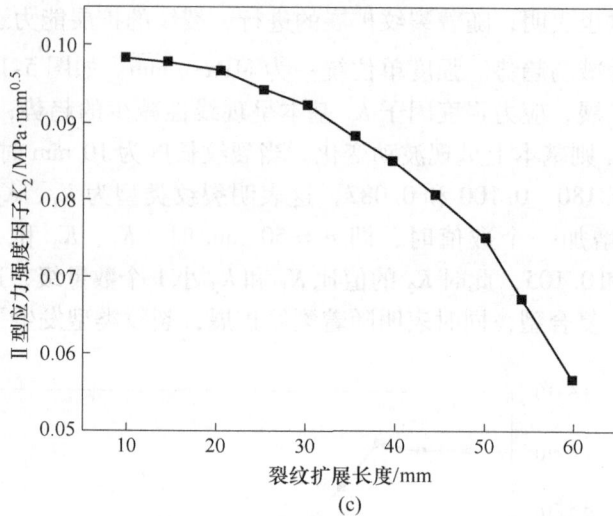

(c)

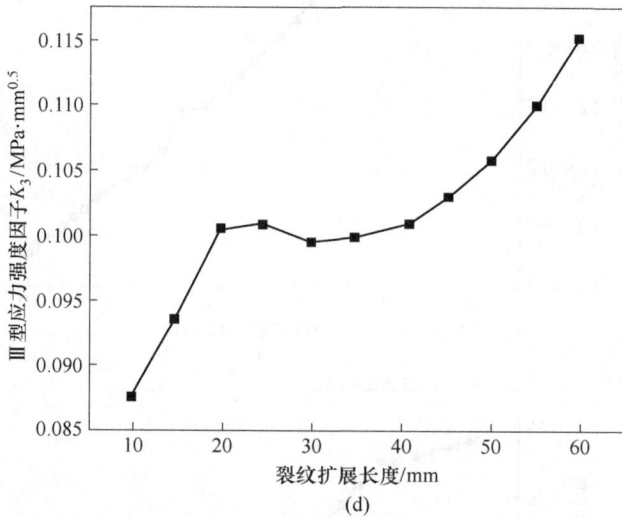

(d)

图 5-13　XFEM 导出结果

（a）裂缝扩展长度和 J 积分；（b）裂缝扩展长度和 K_1；（c）裂缝扩展长度和 K_2；
（d）裂缝扩展长度和 K_3

5.4　本章小结

（1）XFEM 方法与前文得到的基于 Weibull 分布的损伤模型有机结合，通过与试验结果对比，结果得出，含有不同预制裂纹角度的 XFEM 仿真裂纹扩展规律与试验相吻合。验证了 XFEM 方法结合损伤模型用于推进剂材料的可行性。

（2）在内压载荷下药柱裂纹破坏情况进行了仿真模拟，计算出此工况下应力和应变的分布，模拟了推进剂模型整个脱粘过程，讨论了裂纹各参数随着裂纹扩展的变化，发现脱粘过程裂纹的类型为以 I 型裂纹为主导的复合型裂纹。

6 HTPB 推进剂疲劳损伤研究

6.1 疲劳损伤简介

6.1.1 疲劳强度的概念

交变载荷是指载荷值随时间作周期性或非周期性变化的载荷，大多数机械构件在这种载荷作用下工作。由于载荷的变化，材料内会产生随时间变化的交变应力和交变应变。经过足够的应力或应变循环作用后，试件或构件会发生损伤累积，产生裂纹并逐渐扩展，直至最终小片脱落或断裂，这个过程被称为疲劳破坏。当构件发生疲劳破坏导致其失去正常工作性能时，这个现象被称为疲劳失效。试件抵抗疲劳失效的能力被称为材料的疲劳强度，而构件抵抗疲劳失效的能力被称为结构的疲劳强度。

6.1.2 疲劳的类型

对于材料的疲劳分为以下几种类型：

（1）按设计寿命长短分为无限寿命设计和有限寿命设计[122]。在有限寿命设计中，寿命大于 10^5 周的称为高周疲劳，小于 10^5 周的称为低周疲劳；

（2）按照引起疲劳的载荷特性分为冲击疲劳、摩擦疲劳和磨损疲劳；

（3）按受力方式分为拉压疲劳、弯曲疲劳和复合疲劳；

（4）按应力与时间是否有确定的函数关系分为定常疲劳和随机疲劳；

（5）按环境温度分为常温疲劳、高温疲劳和热疲劳；

（6）按有无腐蚀性介质作用分为一般疲劳和腐蚀疲劳，腐蚀疲劳即在腐蚀环境（化学、风雨、空气等）下的疲劳。

6.1.3 *S-N* 曲线

在实验基础上建立的疲劳载荷与疲劳寿命的关系曲线图称为疲劳图，*S-N* 曲线是疲劳图的一种，如图 6-1 所示。

下面给出有关符号的定义：

（1）最大（最小）应力：σ_{max}（σ_{min}），即循环应力中的最大值（最小值）。

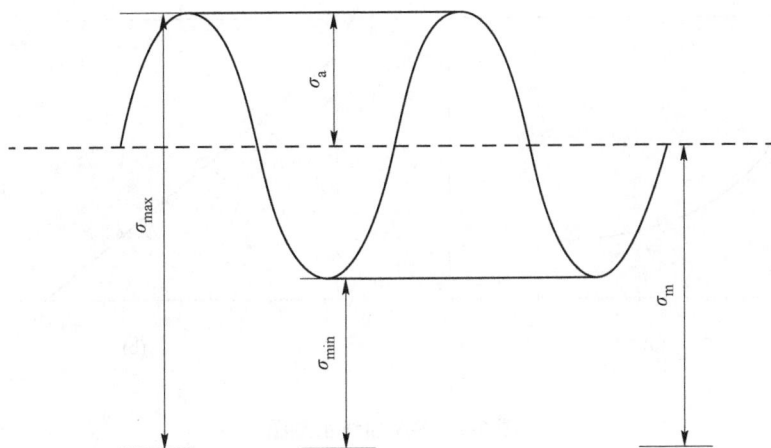

图 6-1 疲劳图示意

（2）应力变程：$\Delta\sigma = \sigma_{max} - \sigma_{min}$，即最大与最小应力之差。

（3）平均应力：$\sigma_m = (\sigma_{max} + \sigma_{min})/2$，即最大与最小应力之和的一半。

（4）应力幅值：$\sigma_a = (\sigma_{max} - \sigma_{min})/2$，即最大与最小应力之差的一半，也可以用 τ 来表示切应力疲劳等。一般用 S 表示应力幅值。

（5）循环周次（代替时间 t）N：指应力循环的次数，而循环应力的每一个周期变化称为一个应力周期。

（6）疲劳寿命 N_f：在循环加载下，产生疲劳破坏所需的应力或应变的循环周次。

当应力幅 S 低于一定值时，不出现疲劳破坏，此时对应 S 的值称为疲劳极限（或持久极限）。对高周疲劳，一般定义 $N_f = 10^7$（对金属材料而言）。工程中最常见的 S-N 曲线是在对称循环实验条件下的，即此时 $\sigma_m = 0$。通常此时，疲劳极限的数值为最小。

S-N 曲线关系式一般可以采用回归曲线办法得到，如图 6-2（a）所示，工程中常用的有指数型的经验关系式[123]：

$$N_f = CS^a \tag{6-1}$$

式中，C 和 a 为待定常数。对上式取对数，则有：

$$\lg N_f = \lg C + a\lg S \tag{6-2}$$

如果以 $\lg N_f$ 为横坐标，以 $\lg S$ 为纵坐标，则上式可以表示为一条直线，如图 6-2（b）所示，在双对数坐标中，由试验数据按照线性回归方法即可得出疲劳极限的经验公式。

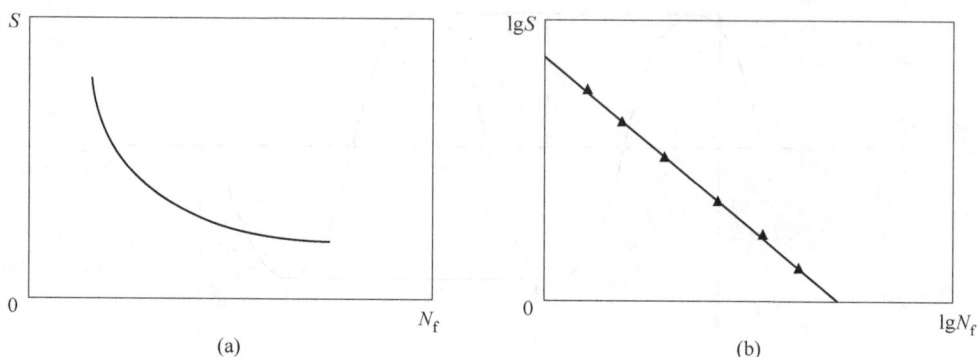

图 6-2　S-N 曲线示意图

（a）S-N 曲线示意图 I；（b）S-N 曲线示意图 II

6.2　HTPB 推进剂疲劳试验试件制备、设备和方法

HTPB 推进剂试件的疲劳试验采取正弦波加载方式，疲劳试验是在美国 MTS 疲劳试验机上进行的（图 6-3），根据试验设备功率情况以及规范的要求，设定加载频率为 1 Hz，试验过程采取应变控制。试验共设置 4 组试件，其中未预制裂纹组为 S 组，预制裂纹组为 C 组，其中，裂纹角度与水平夹角 α 为 0° 设置为 C1 组，裂纹角度与水平夹角 α 为 45° 设置为 C2，裂纹角度与水平夹角 α 为 90° 设置为 C3 组。试验中 ε_{min} 为 0，S 组 ε_{max} 为 61.8%，C1 组 ε_{max} 为 32.2%，C2 组 ε_{max} 为 33.5%，C3 组 ε_{max} 为 41.0%。应变幅值 ε_a 为（$\varepsilon_{max} - \varepsilon_{min}$）/2。为保证试验结果的准确性，每组应变（应力）幅进行 3 次试验。

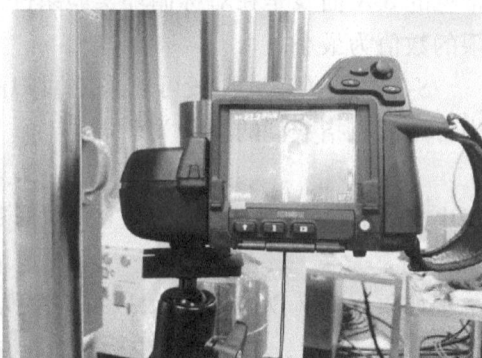

（a）　　　　　　　　　　　　　　　　　　　（b）

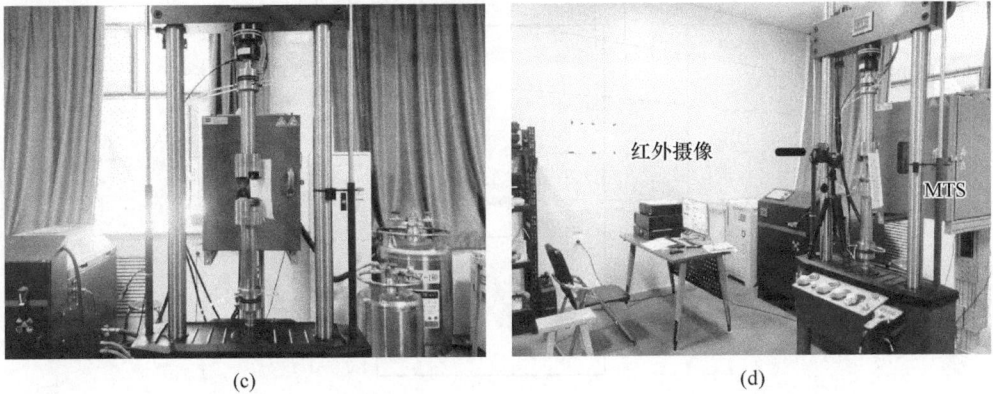

(c)　　　　　　　　　　　　　　　　(d)

图 6-3　疲劳试验系统

（a）MTS 疲劳仪操作界面；（b）红外温度检测摄像头；（c）MTS 疲劳仪夹具；

（d）疲劳试验系统（含红外温度检测）

试件根据中华人民共和国国家标准《聚合物基复合材料疲劳性能测试方法》[124]制作标准试件，试件形状呈现哑铃型，试样总宽度为 10 mm，总长度为 120 mm，厚度为 10 mm，观测区域长度为 70 mm，宽度为 10 mm，厚度为 10 mm，具体尺寸如图 6-4 所示。试件尺寸精确到 0.01 mm。试验用 HTPB 推进剂成分如表 2-1 所示。试验室室温为 20 ℃。

测定 S-N 曲线，按照试验目的，至少选取 4 个应变（应力）水平。一般按照疲劳试验得最大应变（应力）表征水平。选取应变（应力）水平的方案如下：

（1）第一个水平以 10^4 循环次数为目标；

（2）第二个水平以 10^5 循环次数为目标；

（3）第三个水平以 5×10^5 循环次数为目标；

（4）第四个水平以 $1 \times 10^6 \sim 2 \times 10^6$ 循环次数为目标。

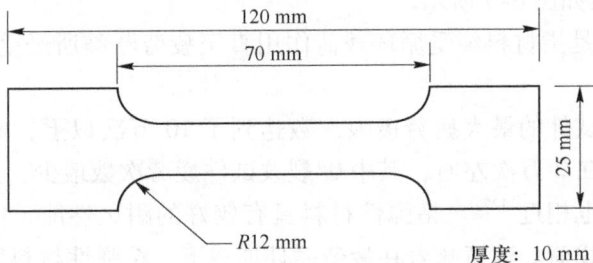

120 mm

70 mm

25 mm

R12 mm　　　　　　厚度：10 mm

(a)

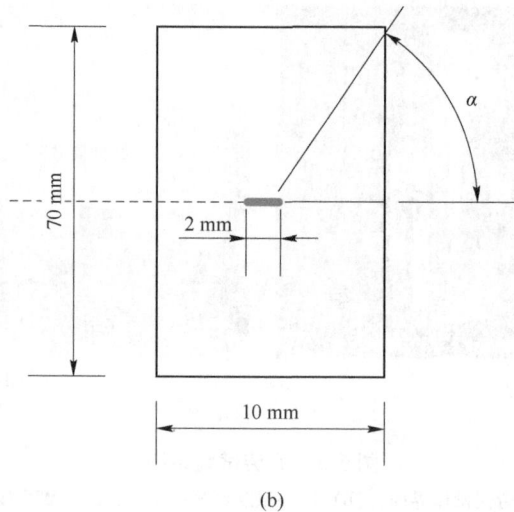

(b)

图 6-4　疲劳试验试件尺寸及预制裂纹
（a）疲劳试验试件尺寸；（b）预制裂纹示意

通常从第一个水平开始疲劳试验，若循环次数与预期差异较大，则逐步升高或者降低应变（应力）水平。

6.3　HTPB 推进剂疲劳试验结果

在准静态单轴拉伸下，未预制裂纹的试件最大破坏应变要大一点，约为 62%，在预制裂纹的组中，C3（75°）的最大破坏应变最大，C2（45°）、C1（0°）其次，但是 C1、C2 的最大破坏应变差别很小，其最大破坏应变分别为 C3 为 41%，C2 为 33%，C1 为 32%。可以看出在准静态拉伸下，C1 和 C2 对于破坏的影响极值应力应变而言差别不大。抗破坏能力 S > C3 > C2 > C1。准静态下拉伸应力-应变关系如图 6-5 所示。

疲劳寿命 N 是指材料经受循环载荷作用直至疲劳断裂所经受循环加载次数，如图 6-6 所示。

未预制裂纹试件的最大疲劳极限次数达到了 10 万次以上，而预制裂纹试件的疲劳次数基本在 2 万次左右，其中 0° 裂纹试件疲劳次数最少，这些结果与其他学者的研究结果也相近[125]。粘弹性材料具有较好的耐久性能，能够承受较高的应力水平和循环载荷。这意味着在疲劳循环加载下，粘弹性材料能够经历较多的循环次数而不发生显著的损伤或破坏。粘弹性材料具有较高的能量耗散能力，即

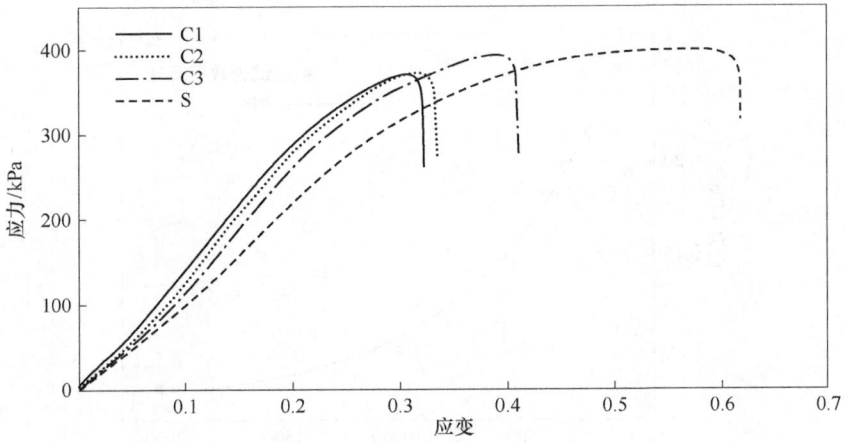

图 6-5 疲劳试件准静态拉伸应力-应变关系

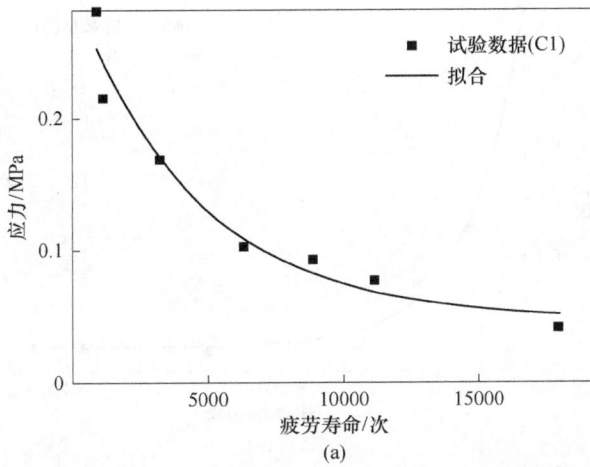

(a)

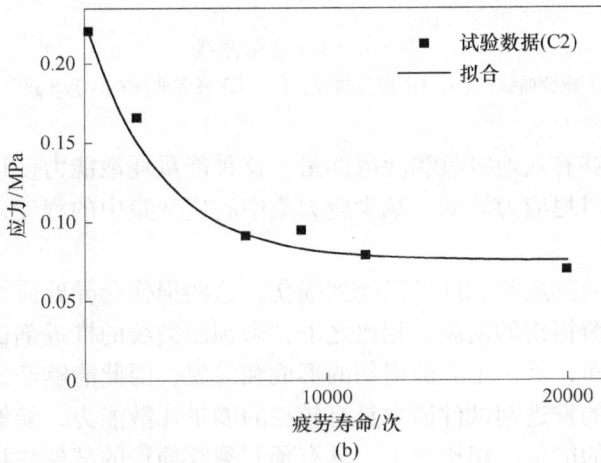

(b)

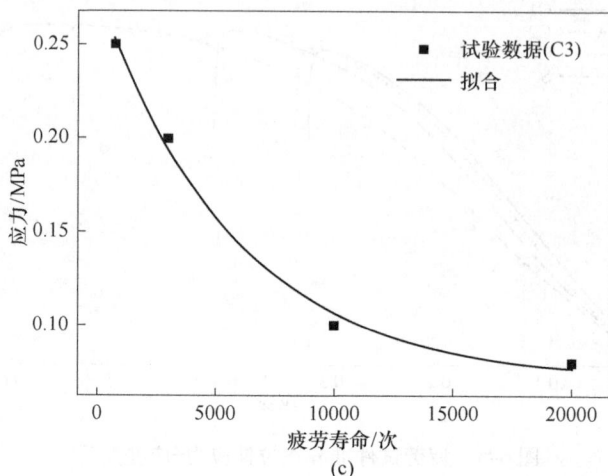

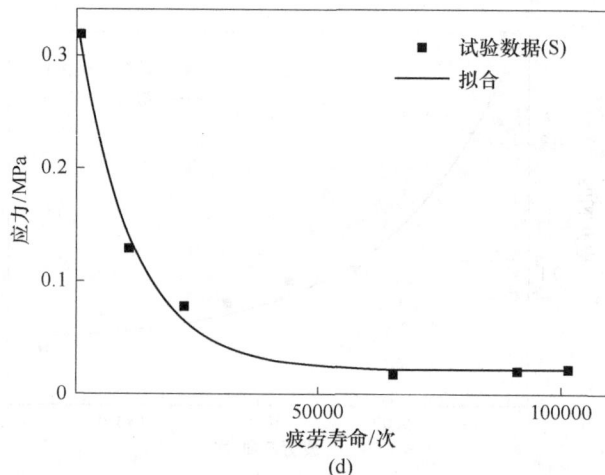

图 6-6 　*S-N* 疲劳曲线

（a）C1 疲劳曲线；（b）C2 疲劳曲线；（c）C3 疲劳曲线；（d）S 疲劳曲线

在受力过程中能够有效地吸收和耗散能量。这种能量耗散能力使得粘弹性材料能够在循环载荷下阻尼应力波动，减少应力集中和应变集中的程度，从而延缓疲劳损伤的发展。

有预制裂纹的推进剂试件已经受到损伤，这些损伤会导致应力集中和应变集中，从而加速疲劳损伤的发展。相比之下，未预制裂纹的推进剂试件具有更均匀的应力和应变分布，减少了疲劳损伤的形成和发展，因此能够经历更多的疲劳循环。未预制裂纹的推进剂试件通常具有较高的能量耗散能力，能够有效吸收和耗散循环载荷带来的能量。相比之下，具有预制裂纹损伤的试件往往具有较低的能量耗散能力，导致疲劳损伤集中在损伤区域并扩展更快。

从图 6-6 中可以看出，应变幅值越大，疲劳寿命越小，表明应变幅值越大，材料每个循环造成的损伤越大，达到疲劳断裂所需的次数就越少。而且两者之间的关系可以用式（6-3）进行拟合。

$$\varepsilon_a = \varepsilon_0 + A \cdot e^{B \cdot N} \tag{6-3}$$

其中，相关参数如表 6-1 所示。未预制裂纹推进剂试件的疲劳方程拟合程度达到了 99%，0°、45°和 75°预制裂纹试件的拟合程度分别达到了 93%、94% 和 96%，故上述方程可以作为推进剂材料的基本疲劳寿命方程来使用。

表 6-1　疲劳曲线拟合参数

组号	ε_0	A	B	$R^2/\%$
C1	0.04627	0.25281	− 0.20678	93
C2	0.0754	0.15512	− 3.34528	94
C3	0.05032	0.04094	− 3.05407	96
S	0.02097	0.30928	− 8.76631	99

6.4　HTPB 推进剂疲劳试验分析

6.4.1　HTPB 推进剂载荷位移滞回曲线分析

因为 HTPB 推进剂是粘弹性材料，当承受周期性变化的正弦应力时，材料产生周期性正弦应变，但应变落后于位移，形成载荷位移滞回曲线。载荷位移滞回曲线不仅能够显示实际加载路径，即材料所经历的整个应变、应力历程，也能反映材料在整个循环过程中吸收释放的能量。

粘弹性材料在受力加载和卸载的过程中会发生能量的耗散。滞回曲线的面积表示材料的耗散能力，面积越大表示材料的耗能能力越高；滞回曲线反映了材料在受力加载和卸载的过程中存在的形变延迟现象。即在卸载过程中，材料的形变不完全恢复到初始状态，导致滞回曲线上的回升分支与加载分支有所偏离；滞回曲线的斜率表示了材料的刚度，即在加载过程中材料对应力的响应速度。斜率越大表示材料越刚性，反之则表示材料较为柔软。滞回曲线上的曲线形状和斜率变化还可以反映材料的粘性特性，即材料对应力施加的时间依赖性。

根据图 6-7，随着循环加载次数的增加，推进剂的滞回曲线会向右移动，表示疲劳过程中的应变会不断增加。此外，随着循环次数的增加，滞回曲线的面积也会增加，这意味着材料的损伤程度会逐渐加重。同时结合本推进剂预制裂纹试

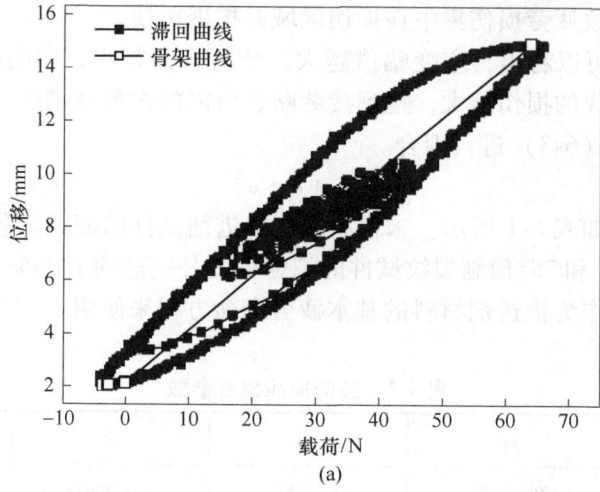

(a)

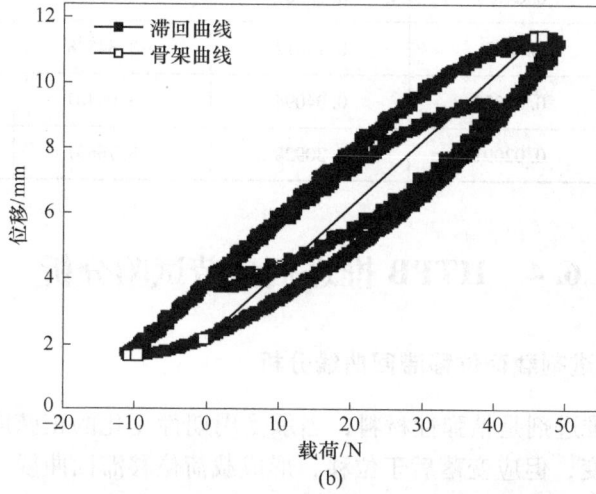

(b)

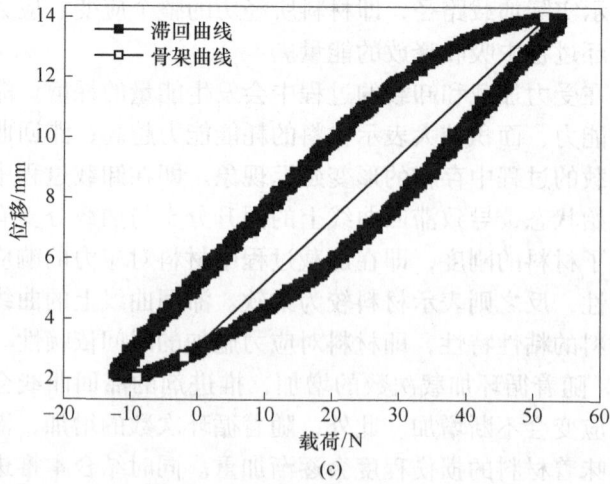

(c)

(d)

(e)

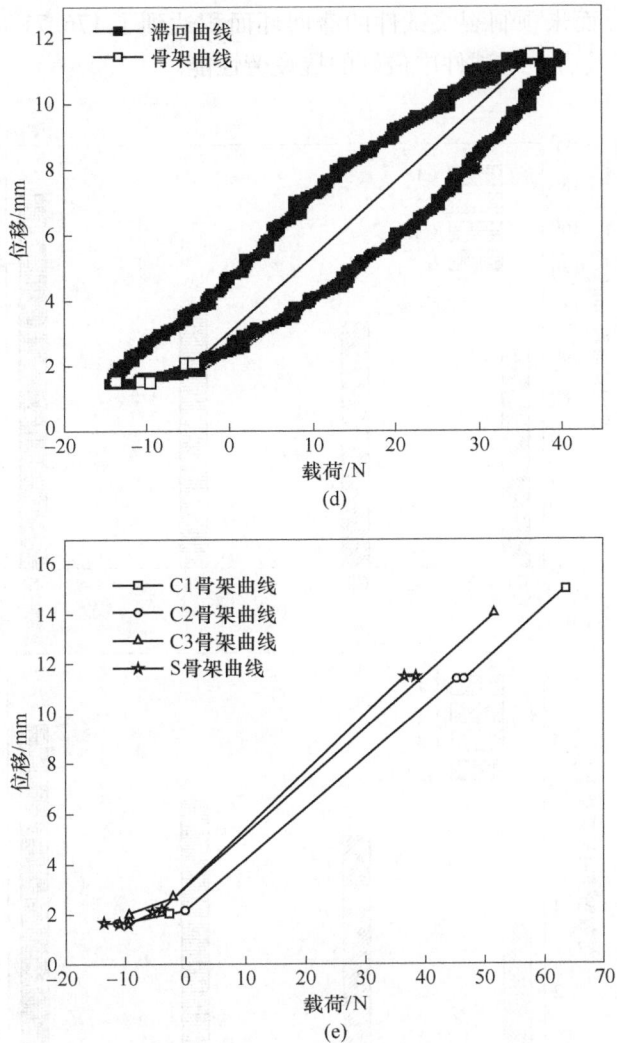

图 6-7 载荷-位移滞回曲线

(a) 0°(C1) 裂纹试件滞回曲线；(b) 45°(C2) 裂纹试件滞回曲线；
(c) 45°(C3) 裂纹试件滞回曲线；(d) 无裂纹（S）试件滞回曲线；(e) 骨架曲线

件的单轴拉伸试验结果，也符合随着预制损伤程度的增加，其疲劳性能也同步下降的规律。

滞回环面积反映了材料或结构在循环载荷下的能量耗散情况。较大的滞回环面积表示材料或结构具有更大的能量耗散能力，通常意味着具有更好的抗疲劳性能和耐久性。如图 6-8(a) 所示，三组预制裂纹的试件滞回环面积差别较小，0°

裂纹、45°裂纹和75°裂纹试件的滞回环面积分别达到了 99.47 mm²、115.87 mm² 和 121.31 mm²，而未预制裂纹试件的滞回环面积达到了 176.71 mm²。这也符合未预制裂纹试件具有 4 组试件中最好的抗疲劳性能。

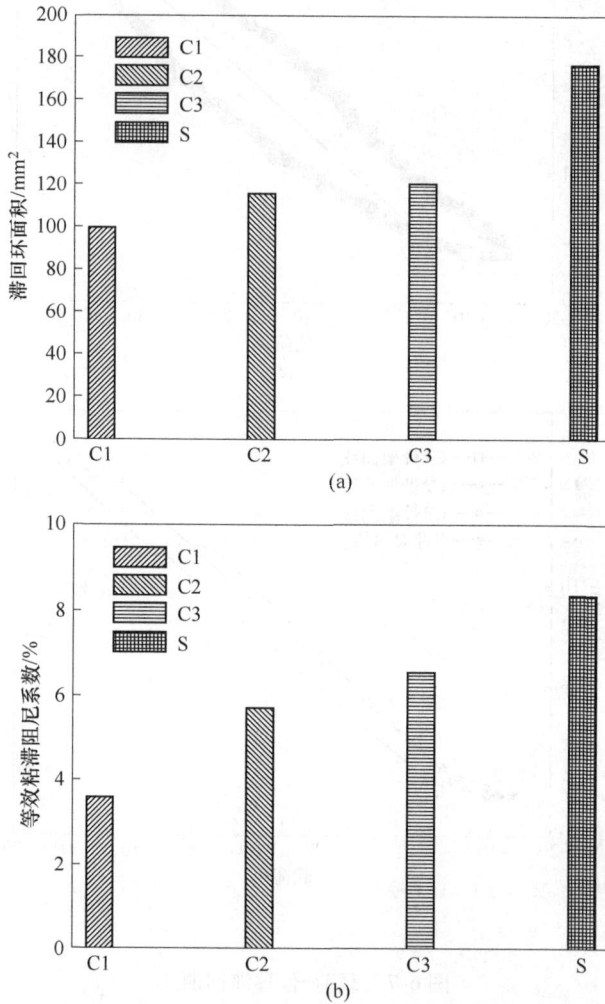

图 6-8　滞回环面积和等效黏滞阻尼曲线
（a）滞回环面积；（b）等效黏滞阻尼系数

等效黏滞阻尼系数是指在动态载荷下，描述材料或结构对振动能量耗散能力的参数。它是一个表示材料或结构阻尼特性的重要指标。等效黏滞阻尼系数的值越大，表示材料或结构的振动衰减能力越强。它对结构的振动响应、振动控制和减震设计等方面具有重要影响。如图 6-8(b) 所示，在对试件进行等效黏滞阻尼系数分析后，0°裂纹、45°裂纹、75°裂纹和未预制裂纹试件的等效黏滞阻尼系数分别达到了 3.63%、5.76%、6.60% 和 8.42%。依据等效黏滞阻尼系数的变化规律，可以与滞回环面积的规律相互印证。

较大的滞回环面积是由于推进剂材料具有较高的塑性变形能力，材料在受力时能够发生更大程度的塑性变形，从而吸收和耗散更多的能量，降低应力集中和应变集中的程度。等效黏滞阻尼系数描述了材料对振动能量的耗散能力，较大的等效黏滞阻尼系数可能是由于推进剂材料分子内部的摩擦和相互作用导致的黏滞耗散效应，分子间的相互作用会导致能量耗散和振动衰减。推进剂材料的黏弹性特性对等效黏滞阻尼系数的大小起着重要作用。黏弹性是指材料在受力时同时表现出粘性和弹性的特性。推进剂材料内部的分子黏滞和弹性松弛会导致能量的耗散和振动衰减。

6.4.2 HTPB 推进剂疲劳红外监测分析

对温度监测而言，四组试件起始温度都是室温约为 20 ℃，预制裂纹组 C1、C2 和 C3 差别不大并且趋势一致，未预制裂纹组呈现独立的规律。由温度监测可以看出，不论是哪种角度的预制裂纹，HTPB 推进剂试件在进行疲劳试验时的温度变化趋势呈现一致，并且各个预制裂纹角度之间的差别很小，但是未预制裂纹的 HTPB 推进剂试件的温度要比预制裂纹试件高 10 ℃左右，结合上文的疲劳寿命，预制裂纹试件的疲劳寿命比未预制裂纹的试件疲劳寿命高 1 个数量级，在温度变化上也吻合这个规律。可见，疲劳寿命与疲劳试件表面温度变化呈现正相关，如图 6-9 所示。

由图 6-9 可知，当加载应力小于疲劳极限时，HTPB 推进剂试件在疲劳过程中的温度变化可以分为三个阶段：第一阶段是试验的初始温度上升阶段（A-B），在此阶段，试件的表面温度与周围环境的温度基本相同。随着循环次数的增加，试件会经历一个快速的温升过程，试件的局部区域会发生循环变形，而材料会因为粘性耗散而释放大量热量。

由于试验初期，试件表面与环境之间的温差很小，因此热对流损失较少，试件表面产生的热量速率大于试件与环境之间的热交换率。因此，试件表面温度快速升高；第二个阶段为稳定温升阶段（B-C 阶段）。在这个阶段，试件表面的热量产生速率与试件和环境之间的热量交换速率达到平衡，导致试件温度呈现小范围内的波动并持续上升，形成相对稳定的状态。

对于 HTPB 的推进剂来说，它是一种由颗粒填充聚合物组成的材料。在疲劳加载到一定程度后，推进剂内部的基体和颗粒界面开始出现"脱湿"现象，这会产生微孔洞等缺陷。随着循环次数的增加，推进剂内部颗粒和基体之间的"脱湿"现象变得更加明显，脱湿点不断张开闭合，试件温度呈现小范围内的波动，

图 6-9　红外温度检测影像

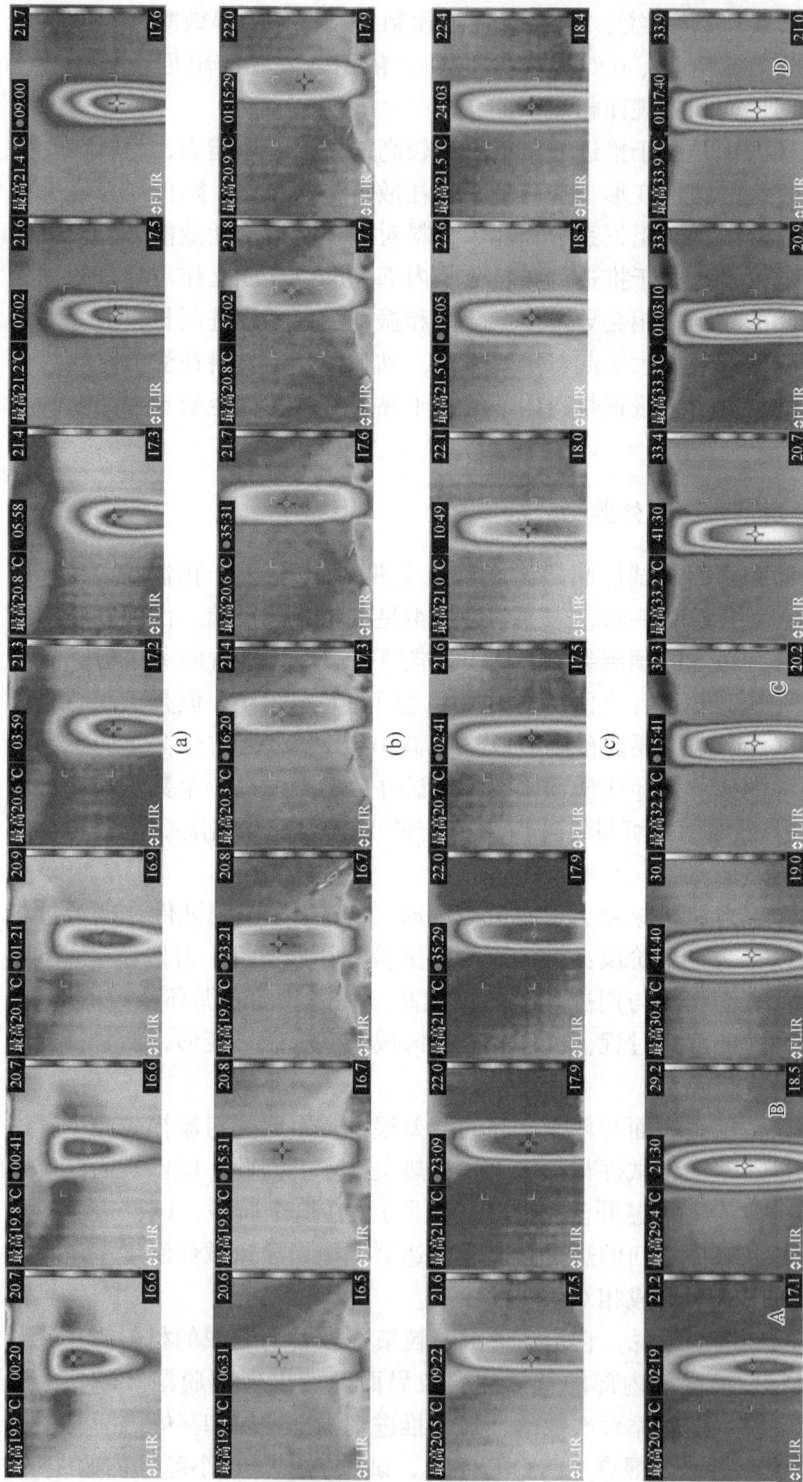

(a) C1 组温度变化影像;(b) C2 组温度变化影像;(c) C3 组温度变化影像;(d) S 组温度变化影像

图 6-9 彩图

导致缺陷不断扩展。B-C 阶段占据了疲劳寿命的大部分时间；在疲劳试验的第三个阶段（C-D 阶段），试件的温度会快速上升，这是因为裂纹在这个阶段开始萌生并快速扩展，裂纹尖端持续释放热量，导致温度不断升高。当温度达到最高点时，试件会发生疲劳断裂。本节的试验结果对常新龙等[126]研究 HTPB 推进剂老化断裂性能有很好的补充。

4 个分组的温度变化图像和数据如图 6-10 所示。

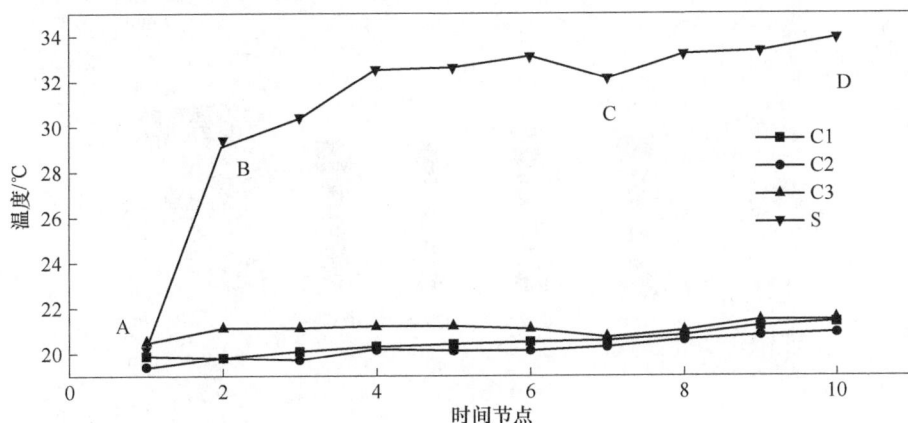

图 6-10　红外温度检测数据

6.4.3　HTPB 推进剂疲劳破坏形态分析

试验时部分 HTPB 推进剂试件如图 6-11 所示。在未预制裂纹组中，试件疲劳断裂形态与单轴拉伸时断裂形态相似，均呈现断裂位置随机，断裂缺口朝向随机。在 C1（0°裂纹）组中，试件断裂位置均在预制裂纹附近，呈现"一"字形；在 C2（45°裂纹）组中，试件断裂处形态呈现"Z"字形，并且断裂位置也处于预制裂纹处；在 C3（75°裂纹）组中，试件断裂处呈现较倾斜的"Z"字形，断裂位置也处于预制裂纹处。

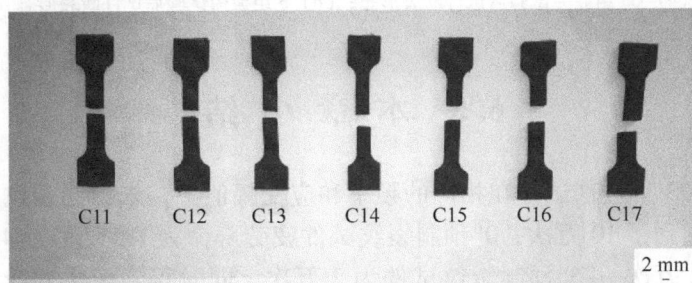

(a)

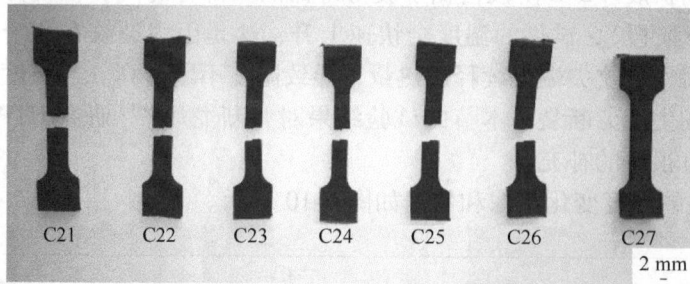

(b)

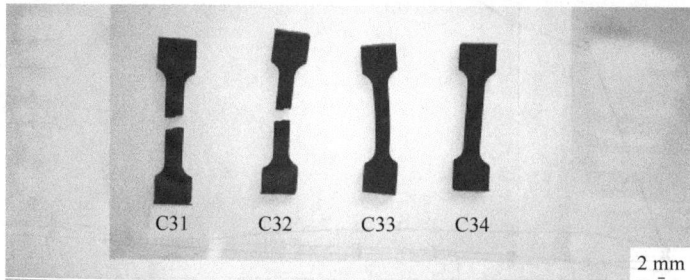

(c)

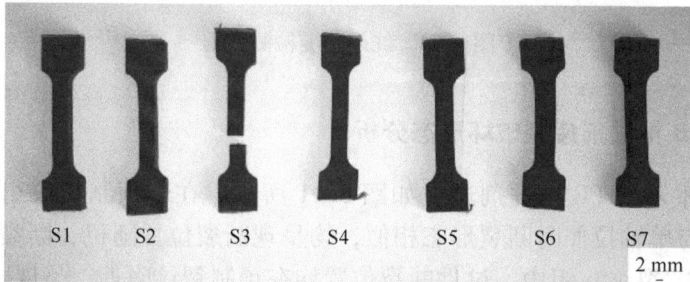

(d)

图 6-11　疲劳试验后试件断裂形态

（a）C1 组疲劳试验后试件断裂形态；（b）C2 组疲劳试验后试件断裂形态；
（c）C3 组疲劳试验后试件断裂形态；（d）S 组疲劳试验后试件断裂形态

6.5　本 章 小 结

（1）HTPB 推进剂试件在相同的频率和应变幅值下，未预制裂纹的推进剂试件疲劳寿命达到了 10 万次，0°预制裂纹试件疲劳寿命为 1.5 万次，45°预制裂纹试件疲劳为 2 万次，75°预制裂纹试件为 2 万次，同时得到疲劳寿命方程。预制裂纹试件和未预制裂纹试件在疲劳破坏断裂时温度分别达到了 22 ℃和 34 ℃。

（2）通过分析滞回曲线得到了滞回环面积和等效黏滞阻尼系数，结果发现：0°裂纹、45°裂纹和75°裂纹试件的滞回环面积分别达到了99.47 mm^2、115.87 mm^2和121.31 mm^2，而未预制裂纹试件的滞回环面积达到了176.71 mm^2。在对试件进行等效黏滞阻尼系数分析后，0°裂纹、45°裂纹、75°裂纹和未预制裂纹试件的等效黏滞阻尼系数分别达到了3.63%、5.76%、6.60%和8.42%。即75°预制裂纹推进剂试件抗疲劳性最好，0°裂纹试件最差。

（3）疲劳试验后试件的断裂形态与准静态试验中试件的断裂形态类似，即未预制裂纹试件断裂位置随机，断裂缺口处较平整光滑，45°和75°角预制裂纹试件疲劳断裂缺口处呈现"Z"字形，而0°裂纹的试件呈现倾斜程度较小的"Z"字形。

7 结论与展望

7.1 结　论

本书以中国航天科工集团第六研究院提供的 HTPB 推进剂为原材料，对其基本力学性能、本构方程、动力学响应、预制裂纹损伤、XFEM 裂纹仿真和疲劳寿命及疲劳损伤演化规律等进行了研究，获得的结论如下：

（1）通过实测 HTPB 推进剂悬臂梁试件在正弦扫频激励实验中测点的加速度响应，与有限元软件的仿真结果进行对比，时域下整体加速度峰值误差不超过 10%，可以认为该 Prony 级数本构模型可以描述低频（小于 30 Hz）下的动力学响应，故 Prony 级数本构模型可以作为描述粘弹性材料的重要模型之一。

（2）低速拉伸（≤10 mm/min）下，推进剂裂纹扩展呈现三阶段，即线性阶段、屈服阶段和失效阶段，但是高速率拉伸（500 mm/min）下推进剂的裂纹扩展并没有明显的屈服阶段。不论裂纹预制与否，拉伸速率越大，裂纹尖端破坏应变就越大。预制裂纹 HTPB 推进剂试件在拉伸时会发生"Z"字形扩展，并且会发展成为在边缘向横向裂纹转变的趋势，这一规律与 Theocaris 所提出的 T 准则相吻合。HTPB 推进剂在单轴拉伸下的裂纹扩展速率与 I 型应力强度因子存在幂函数关系，与 Schapery 理论中的结论相吻合。提出了基于 Weibull 分布的 HTPB 推进剂非线性损伤模型并生成 UMAT 子程序。

（3）通过显微摄影技术，观测了 HTPB 推进剂断面细观形貌图，发现 HTPB 推进剂中固体颗粒填充系数较高，颗粒相互团簇包围，小颗粒与大颗粒镶嵌在基体上，颗粒大多为球形或者椭球形，表面光滑，并且存在着一定的孔隙和微裂纹等缺陷。

（4）XFEM 方法与本书得到的基于 Weibull 分布的损伤模型有机结合，通过与试验结果对比，结果得出，含有不同预制裂纹角度的裂纹扩展规律与试验相吻合。验证了 XFEM 方法结合损伤模型用于推进剂材料的可行性。同时在内压载荷下药柱裂纹破坏情况进行了仿真模拟，计算出此工况下应力和应变的分布，模拟了推进剂模型整个脱粘过程，讨论了裂纹各参数随着裂纹扩展的变化，发现脱粘过程裂纹的类型为以 I 型裂纹为主导的复合型裂纹。

（5）HTPB 推进剂试件在相同的频率和应变幅值下，未预制裂纹的推进剂试件疲劳寿命达到了 10 万次，0°预制裂纹试件疲劳寿命为 1.5 万次，45°预制裂纹试件疲劳为 2 万次，75°预制裂纹试件为 2 万次，同时得到疲劳寿命方程。预制裂纹试件和未预制裂纹试件在疲劳破坏断裂时，温度分别达到了 22 ℃和 34 ℃。

（6）通过分析滞回曲线，得到了滞回环面积和等效黏滞阻尼系数，结果发现，0°裂纹、45°裂纹和 75°裂纹试件的滞回环面积分别达到了 99.47 mm^2、115.87 mm^2 和 121.31 mm^2，而未预制裂纹试件的滞回环面积达到了 176.71 mm^2。在对试件进行等效黏滞阻尼系数分析后，0°裂纹、45°裂纹、75°裂纹和未预制裂纹试件的等效黏滞阻尼系数分别达到了 3.63%、5.76%、6.60%和 8.42%。即 75°预制裂纹推进剂试件抗疲劳性最好，0°裂纹试件最差。

7.2 展　　望

本书对某型 HTPB 推进剂本构模型进行了研究，研究了各种工况下的力学性能，但是本书的工程应用基础机会为零，这使本书所建立的损伤模型缺乏足够的验证。因此，在以后的研究过程中，还应该在以下几个方面进行更深入的探讨：

（1）有学者在描述粘弹性材料的本构方程时使用分数阶微积分，但该方法与有限元进行沟通时并不友好，故采用一种新方法，在时域和频域上以分段函数形式，将分数阶微积分方法与 Prony 级数方法结合，来表示粘弹性材料的本构方程，使其与主流有限元软件进行友好的数据交换，为粘弹性材料的有限元仿真提供更多样的静力学和动力学仿真。

（2）预制裂纹进行推进剂预制裂纹研究时，本书使用了最大 100 倍放大的显微摄像机观察，将来使用更加精确的测量手段测量其力学应力和应变，甚至从计算化学的角度去研究和完善推进剂的损伤劣化规律。

（3）HTPB 疲劳行为研究过程中常规测试方法及手段虽能基本实现本项目研究目标，但研究过程也存在方法繁复、测试精度略低及重复试验的问题，且数值模拟过程中需耦合其他影响因素，后续研究中应注重相关研究手段及相关耦合因素影响下模拟精度的问题。

参 考 文 献

[1] 吴铁钢. 固体推进剂用同向双螺杆摩擦安全性能研究 [D]. 北京：北京化工大学, 2019.

[2] 魏龙飞. 分数阶粘弹性模型参数识别及其有限元实现 [D]. 成都：西南交通大学, 2018.

[3] 许进升, 鞠玉涛, 郑健, 等. 复合固体推进剂松弛模量的获取方法 [J]. 火炸药学报, 2011, 34 (5)：58-62.

[4] Qian Hui, Wu Yimeng, Zhu Rui, et al. Modal identification of ultralow-frequency flexible structures based on digital image correlation method [J]. Applied Sciences, 2022, 12 (1)：185-203.

[5] Miller T C, Wojnar C S, Louke J A. Measuring propellant stress relaxation modulus using dynamic mechanical analyzer [J]. Journal of Propulsion and Power, 2017, 33 (5)：1252-1259.

[6] 王虹. 基于融雪化冰的传导沥青路面优化设计及粘弹性响应分析 [D]. 武汉：武汉理工大学, 2010.

[7] 赵延庆, 周长红, 王国忠, 等. 脉冲荷载下沥青路面粘弹性响应分析 [J]. 大连理工大学学报, 2011, 51 (1)：73-77.

[8] 王本华, 张戈. 三维粘弹性大变形动力响应分析 [J]. 推进技术, 1994 (3)：21-27.

[9] Yuan X, Sun H. Finite element analysis on viscoelastic properties of resin-based 3-D braided composites [J]. Chinese Journal of Applied Mechanics, 2012, 29 (1)：87-92.

[10] Thompson P. How much did the Liberty shipbuilders forget [J]. Management Science, 2007, 53 (6)：908-918.

[11] Kies J A, Sullivan A M, Irwin G R. Interpretation of fracture markings [J]. Journal of Applied Physics, 1950, 21 (7)：716-720.

[12] Orowan E. Fracture and strength of solids [J]. Reports on Progress in Physics, 1949, 12 (1)：185.

[13] Irwin G R. Analysis of stresses and strains near end of a crack traversing a plate [J]. Journal of Applied Mechanics, 1956, 24 (24)：15-18.

[14] Irwin G R. Fracturing and fracture mechanics [J]. Theoretical and Applied Mechanics, 1961, 16 (2)：10-19.

[15] Dugdale D S. Yielding of steel sheets containing slits [J]. Journal of the Mechanics and Physics of Solids, 1960, 8 (2)：100-104.

[16] Barenblatt G I. The formation of equilibrium cracks during brittle fracture. [J]. Journal of Applied Mathematics and Mechanics, 1959, 23 (3)：622-636.

[17] Wells R E, Denton R, Merrill E W. Measurement of viscosity of biologic fluids by cone plate viscometer [J]. The Journal of Laboratory and Clinical Medicine, 1961, 57 (4)：646-656.

[18] Rice J R. A path independent integral and the approximate analysis of strain concentration by notches and cracks [J]. Journal of Applied Mechanics, 1968, 5 (1)：379-386.

[19] Eshelby J D. The continuum theory of lattice defects [M]. UK：Academic Press, 1956：79-144.

[20] Hutchinson J W. Plastic stress and strain fields at a crack tip [J]. Journal of the Mechanics and Physics of Solids, 1968, 16 (5): 337-342.

[21] Rice J R, Rosengren G F. Plane strain deformation near a crack tip in a power-law hardening material [J]. Journal of the Mechanics and Physics of Solids, 1968, 16 (1): 1-12.

[22] Bogy D B. The plane solution for anisotropic elastic wedges under normal and shear loading [J]. Journal of Applied Mechanics, 1972, 6 (2): 1103-1109.

[23] Barnett D M, Asaro R J. The fracture mechanics of slit-like cracks in anisotropic elastic media [J]. Journal of the Mechanics and Physics of Solids, 1972, 20 (6): 353-366.

[24] Barnett D M, Asaro R J, Gavazza S D, et al. The effects of elastic anisotropy on dislocation line tension in metals [J]. Journal of Physics F: Metal Physics, 1972, 2 (5): 854-864.

[25] Tupholme G E. A study of cracks in orthotropic crystals using dislocation layers [J]. Journal of Engineering Mathematics, 1974, 8 (1): 57-69.

[26] Atluri S N, Kobayashi A S, Nakagaki M. An assumed displacement hybrid finite element model for linear fracture mechanics [J]. International Journal of Fracture, 1975, 11 (2): 257-271.

[27] Foschi R O, Barrett J D. Stress intensity factors in anisotropic plates using singular isoparametric elements [J]. International Journal for Numerical Methods in Engineering, 1976, 10 (6): 1281-1287.

[28] Boone T J, Wawrzynek P A, Ingraffea A R. Finite element modelling of fracture propagation in orthotropic materials [J]. Engineering Fracture Mechanics, 1987, 26 (2): 185-201.

[29] Viola E, Piva A, Radi E. Crack propagation in an orthotropic medium under general loading [J]. Engineering Fracture Mechanics, 1989, 34 (5/6): 1155-1174.

[30] Lim W K, Choi S Y, Sankar B V. Biaxial load effects on crack extension in anisotropic solids [J]. Engineering Fracture Mechanics, 2001, 68 (4): 403-416.

[31] Carloni C, Nobile L. Crack initiation behaviour of orthotropic solids as predicted by the strain energy density theory [J]. Theoretical and Applied Fracture Mechanics, 2002, 38 (2): 109-119.

[32] Carloni C, Piva A, Viola E. An alternative complex variable formulation for an inclined crack in an orthotropic medium [J]. Engineering Fracture Mechanics, 2003, 70 (15): 2033-2058.

[33] Nobile L, Carloni C. Fracture analysis for orthotropic cracked plates [J]. Composite Structures, 2005, 68 (3): 285-293.

[34] Achenbach J D, Bazant Z P. Elastodynamic near-tip stress and displacement fields for rapidly propagating cracks in orthotropic materials [J]. Journal of Applied Mechanics, 1975, 42 (1): 183-189.

[35] Arcisz M, Sih G C. Effect of orthotropy on crack propagation [J]. Theoretical and Applied Fracture Mechanics, 1984, 1 (3): 225-238.

[36] Piva A, Viola E. Crack propagation in an orthotropic medium [J]. Engineering Fracture Mechanics, 1988, 29 (5): 535-548.

[37] Kasmalkar M. Surface and internal crack problems in a homogeneous substrate coated by a graded layer [D]. Bethlehem, USA: Lehigh University, 1996.

[38] Chen Y F, Erdogan F. The interface crack problem for a nonhomogeneous coating bonded to a homogeneous substrate [J]. Journal of the Mechanics and Physics of Solids, 1996, 44 (5): 771-787.

[39] Erdogan F, Wu B H. Crack problems in FGM layers under thermal stresses [J]. Journal of Thermal Stresses, 1996, 19 (3): 237-265.

[40] Lee K H, Hawong J S, Choi S H. Dynamic stress intensity factors K_I, K_{II} and dynamic crack propagation characteristics of orthotropic material [J]. Engineering Fracture Mechanics, 1996, 53 (1): 119-140.

[41] Gu P, Asaro R J. Crack deflection in functionally graded materials [J]. International Journal of Solids and Structures, 1997, 34 (24): 3085-3098.

[42] Piva A, Viola E, Tornabene F. Crack propagation in an orthotropic medium with coupled elastodynamic properties [J]. Mechanics Research Communications, 2005, 32 (2): 153-159.

[43] 屈文忠. 具有应变梯度的复合推进剂药柱裂纹扩展特性研究 [J]. 固体火箭技术, 1993 (2): 75-81.

[44] 赵超. 改性双基推进剂断裂力学行为研究 [D]. 南京: 南京理工大学, 2015.

[45] 成曙, 路廷镇, 蔡国飙, 等. 含 I 型裂纹复合固体推进剂双轴拉伸实验研究 [J]. 宇航材料工艺, 2007, 37 (5): 63-66.

[46] 王阳, 李高春, 王玉峰, 等. HTPB 推进剂复合型裂纹尖端变形场测量及破坏模式分析 [J]. 含能材料, 2019, 27 (1): 14-20.

[47] 龙兵, 常新龙, 张有宏, 等. 高应变率下 HTPB 推进剂动态断裂性能研究 [J]. 推进技术, 2015, 36 (3): 471-475.

[48] 汪文强, 郑健, 许进升, 等. AP/Al/CMDB 推进剂的断裂特性实验研究 [J]. 推进技术, 2015, 36 (11): 1728-1733.

[49] Belytschko T, Black T. Elastic crack growth in finite elements with minimal remeshing [J]. International Journal for Numerical Methods in Engineering, 1999, 45 (5): 601-620.

[50] Moës N, Dolbow J, Belytschko T. A finite element method for crack growth without remeshing [J]. International Journal for Numerical Methods in Engineering, 1999, 46 (1): 131-150.

[51] Gavini V, Bhattacharya K, Ortiz M. Quasi-continuum orbital-free density-functional theory: A route to multi-million atom non-periodic DFT calculation [J]. Journal of the Mechanics and Physics of Solids, 2007, 55 (4): 697-718.

[52] Chessa J, Belytschko T. An enriched finite element method and level sets for axisymmetric two-phase flow with surface tension [J]. International Journal for Numerical Methods in Engineering, 2003, 58 (13): 2041-2064.

[53] Melenk J M, Babuška I. The partition of unity finite element method: basic theory and applications [J]. Computer Methods in Applied Mechanics and Engineering, 1996, 139: 289-314.

[54] Belytschko T, Black T. Elastic crack growth in finite elements with minimal remeshing [J]. International Journal for Numerical Methods in Engineering, 1999, 45 (5): 601-620.

[55] Dolbow J E, Nadeau J C. On the use of effective properties for the fracture analysis of microstructured materials [J]. Engineering Fracture Mechanics, 2002, 69 (14): 1607-1634.

[56] Dolbow J E, Gosz M. On the computation of mixed-mode stress intensity factors in functionally graded materials [J]. International Journal of Solids and Structures, 2002, 39 (9): 2557-2574.

[57] Remmers J J C, Wells G N, Borst R. A solid-like shell element allowing for arbitrary delaminations [J]. International Journal for Numerical Methods in Engineering, 2003, 58 (13): 2013-2040.

[58] Hettich T, Ramm E. Interface material failure modeled by the extended finite-element method and level sets [J]. Computer Methods in Applied Mechanics and Engineering, 2006, 195 (37): 4753-4767.

[59] Nagashima T, Suemasu H. X-FEM analyses of a thin-walled composite shell structure with a delamination [J]. Computers & Structures, 2010, 88 (10): 549-557.

[60] Ebrahimi S H, Mohammadi S, Kani I M. A local PUFEM modeling of stress singularity in sliding contact with minimal enrichment for direct evaluation of generalized stress intensity factors [J]. Engineering Fracture Mechanics, 2013, 105: 16-40.

[61] Ebrahimi S H. Singularity modal analysis of frictional interfaces in orthotropic composites [J]. Engineering Fracture Mechanics, 2020, 237: 107227.

[62] Ebrahimi S H. Singularity analysis of cracks in hybrid CNT reinforced carbon fiber composites using finite element asymptotic expansion and XFEM [J]. International Journal of Solids and Structures, 2021, 214: 1-17.

[63] Kumar S, Singh I V, Mishra B K, et al. A homogenized multigrid XFEM to predict the crack growth behavior of ductile material in the presence of microstructural defects [J]. Engineering Fracture Mechanics, 2019, 205: 577-602.

[64] Li H, Li J, Yuan H. A review of the extended finite element method on macrocrack and microcrack growth simulations [J]. Theoretical and Applied Fracture Mechanics, 2018, 97: 236-249.

[65] Kumar S, Shedbale A S, Singh I V, et al. Elasto-plastic fatigue crack growth analysis of plane problems in the presence of flaws using XFEM [J]. Frontiers of Structural and Civil Engineering, 2015, 9 (4): 420-440.

[66] Khoei A R, Biabanaki S O R, Anahid M. Extended finite element method for three-dimensional large plasticity deformations on arbitrary interfaces [J]. Computer Methods in Applied Mechanics and Engineering, 2008, 197 (9): 1100-1114.

[67] Song Y, Zheng Q. Linear viscoelasticity of polymer melts filled with nano-sized fillers [J]. Polymer, 2010, 51 (14): 3262-3268.

[68] Yu T T, Ren Q W. Modeling crack in viscoelastic media using the extended finite element method [J]. Science China Technological Sciences, 2011, 54 (6): 1599-1606.

[69] Hajikarimi P, Onochie A, Fini E H. Characterizing mechanical response of bio-modified bitumen at sub zero temperatures [J]. Construction and Building Materials, 2020, 240: 1-11.

[70] Latifaghili A, Bybordiani M, Erkmen R. E, et al. An extended finite element method with polygonal enrichment shape functions for crack propagation and stiff interface problems [J]. International Journal for Numerical Methods in Engineering, 2022, 123 (6): 1432-1455.

[71] Srinivasan K R, Matouš K, Geubelle P H. Generalized finite element method for modeling nearly incompressible bimaterial hyperelastic solids [J]. Computer Methods in Applied Mechanics and Engineering, 2008, 197 (51/52): 4882-4893.

[72] Moës N, Dolbow J E, Sukumar N. Extended finite element methods [J]. Encyclopedia of Computational Mechanics, 2004, 3: 173-193.

[73] Fagerström M, Larsson R. Theory and numerics for finite deformation fracture modelling using strong discontinuities [J]. International Journal for Numerical Methods in Engineering, 2006, 66 (6): 911-948.

[74] Khoei A R, Biabanaki S O R, Anahid M. Extended finite element method for three-dimensional large plasticity deformations on arbitrary interfaces [J]. Computer Methods in Applied Mechanics and Engineering, 2008, 197 (9/10/11/12): 1100-1114.

[75] Khoei A R, Anahid M, Shahim K, et al. Arbitrary Lagrangian-Eulerian method in plasticity of pressure-sensitive material: Application to powder forming processes [J]. Computational Mechanics, 2008, 42 (1): 13-38.

[76] Asadpoure A, Mohammadi S. Developing new enrichment functions for crack simulation in orthotropic media by the extended finite element method [J]. International Journal for Numerical Methods in Engineering, 2007, 69 (10): 2150-2172.

[77] Ghorashi S S, Mohammadi S, Sabbagh-Yazdi S R. Orthotropic enriched element free Galerkin method for fracture analysis of composites [J]. Engineering Fracture Mechanics, 2011, 78 (9): 1906-1927.

[78] Kaushik V, Ghosh A. Fatigue life estimation and crack propagation analysis of orthotropic lamina using XIGA methodology [J]. Mechanics of Advanced Materials and Structures, 2019, 26 (24): 2062-2077.

[79] Dong Qianqian, Xiong Chengwang, Ma Chunlei, et al. Experimental study on cracking behaviour of intermittent double S-shaped fissures under uniaxial compression [J]. KSCE Journal of Civil Engineering, 2019, 23 (6): 2483-2494.

[80] Ashari S E, Mohammadi S. Delamination analysis of composites by new orthotropic bimaterial extended finite element method [J]. International Journal for Numerical Methods in Engineering, 2011, 86 (13): 1507-1543.

[81] Talreja R. Fatigue of composite materials: Damage mechanisms and fatigue-life diagrams [J]. Proceedings of the Royal Society of London. A. Mathematical and Physical Sciences, 1981, 378 (1775): 461-475.

[82] Gamstedt E K, Talreja R. Fatigue damage mechanisms in unidirectional carbon-fibre-reinforced plastics [J]. Journal of Materials Science, 1999, 34 (11): 2535-2546.

[83] Gamstedt E K, Östlund S. Fatigue propagation of fibre-bridged cracks in unidirectional polymer-matrix composites [J]. Applied Composite Materials, 2001, 8 (6): 385-410.

［84］ Tong Xin, Chen Xiong, Xu Jinsheng, et al. Excitation of thermal dissipation of solid propellants during the fatigue process ［J］. Materials & Design, 2017, 128: 47-55.

［85］ López R, Salazar A, Rodríguez J. Fatigue crack propagation behaviour of carboxyl-terminated polybutadiene solid rocket propellants ［J］. International Journal of Fracture, 2020, 223 (1): 3-15.

［86］ Hu Qinwei, Fang Qinzhi, Sha Baolin, et al. Study on the viscoelastic damage properties of NEPE solid propellant ［J］. Propellants, Explosives, Pyrotechnics, 2020, 45 (7): 1076-1088.

［87］ Hu Qinwei, Fang Qinzhi, Sha Baolin, et al. Study on the viscoelastic damage properties of NEPE solid propellant with different cyclic stress ratios ［J］. Propellants, Explosives, Pyrotechnics, 2022, 47 (5): 1-15.

［88］ Qu Kai, Xu Xuewen, Li Jinfei, et al. Research on fatigue characteristics of bonding interface of solid rocket motor propellant ［C］. Journal of Physics: Conference Series. IOP Publishing, 2022, 2252 (1): 1-8.

［89］ Shitikova M V, Krusser A I. Models of viscoelastic materials: A review on historical development and formulation ［J］. Theoretical Analyses, Computations, and Experiments of Multiscale Materials: A Tribute to Francesco dell Isola, 2022: 285-326.

［90］ Findley W N, Davis F A. Creep and relaxation of nonlinear viscoelastic materials ［M］. USA: Courier Corporation, 2013: 8-17.

［91］ 中华人民共和国航空航天工业部. 复合固体推进剂单向拉伸应力松弛模量及主曲线测定方法 QJ 2487—93 ［S］. 1993.

［92］ Wen Bangchun, Huang XianLi, Li Yinong, et al. Vibration utilization engineering ［M］. China: Springer, 2022: 21-27.

［93］ Åström K J, Eykhoff P. System identification—a survey ［J］. Automatica, 1971, 7 (2): 123-162.

［94］ Avitabile P. Experimental modal analysis ［J］. Sound and Vibration, 2001, 35 (1): 20-31.

［95］ Zini G, Betti M, Bartoli G. A quality-based automated procedure for operational modal analysis ［J］. Mechanical Systems and Signal Processing, 2022, 164: 1-24.

［96］ Faircloth A, Brancheriau L, Karampour H, et al. Experimental modal analysis of appropriate boundary conditions for the evaluation of cross-laminated timber panels for an in-line approach ［J］. Forest Products Journal, 2021, 71 (2): 161-170.

［97］ Kalybek M, Bocian M, Nikitas N. Performance of optical structural vibration monitoring systems in experimental modal analysis ［J］. Sensors, 2021, 21 (4): 1239-1263.

［98］ Koyuncu A, Karaağaçlı T, Şahin M, et al. Experimental modal analysis of nonlinear amplified piezoelectric actuators by using response-controlled stepped-sine testing ［J］. Experimental Mechanics, 2022, 62 (9): 1579-1594.

［99］ 李卓, 徐秉业. 粘弹性分数阶导数模型的有限元法 ［J］. 工程力学, 2001 (3): 40-44.

［100］ Rice R G, Do D D, Maneval J E. Applied mathematics and modeling for chemical engineers ［M］. USA: John Wiley & Sons, 2023: 21-28.

[101] Mazzoni S, Moehle J P, Mahin S A. Design and response of lower-level beam-column joints in ductile reinforced concrete double-deck bridge structures [J]. National Academies, 1997, 10 (5): 115-119.

[102] Kimberly Burns Fabio Martinon, Christoph Esslinger, Heike Pahli, et al, An adapter protein involved in interleukin-1 signaling [J]. Journal of Biological Chemistry, 1998, 273 (20): 12203-12209.

[103] Irwin G R. Analysis of stresses and strains near the end of a crack traversing a plate [J]. Journal of Applied Mechanics, 1957 (1): 361-364.

[104] Meguid S A. Engineering fracture mechanics [M]. USA: Springer, 1989.

[105] Kendall K. New theory explaining Griffith strength results on nano-cracked glass fibres [J]. Philosophical Transactions of the Royal Society A, 2022, 380 (2232): 1-7.

[106] Ashish Patela, Chaitanya K. Desaib. Stress concentration around an elliptical hole in a large rectangular plate subjected to linearly varying in-plane loading on two opposite edges [J]. Theoretical and Applied Fracture Mechanics, 2020, 106: 1-36.

[107] Rice J R, Rosengren G F. Plane strain deformation near a crack tip in a power-law hardening material [J]. Journal of the Mechanics and Physics of Solids, 1968, 16 (1): 1-12.

[108] Theocaris P S, Kardomateas G A, Andrianopoulos N P. Experimental study of the T-criterion in ductile fractures [J]. Engineering Fracture Mechanics, 1983, 17 (5): 439-447.

[109] Meneghetti G, Campagnolo A, Visentin A. Rapid evaluation of notch stress intensity factors using the peak stress method with 3D tetrahedral finite element models: Comparison of commercial codes [J]. Fatigue & Fracture of Engineering Materials & Structures, 2022, 45 (4): 1005-1034.

[110] Thomas Zink, Loredana Kehrer, Valerian Hirschberg, et al. Nonlinear Schapery viscoelastic material model for thermoplastic polymers [J]. Journal of Applied Polymer Science, 2022, 139 (17): 15-19.

[111] Ahmed J. Time-temperature superposition principles: applicability in food and biopolymer rheology [M]. Kuwait: Woodhead Publishing, 2023: 221-260.

[112] Park S. Development of a nonlinear thermo-viscoelastic constitutive equation for particulate composites with growing damage [M]. USA: The University of Texas at Austin, 1994.

[113] Shen T. Cavitation damage model and life prediction of solid polymers [J]. Chin. Sci. Bull., 2001, 46 (11), 965-968.

[114] Shi Changyun, Yu Huanan, Qian Guoping, et al. Research on the characteristics of asphalt mixture gradation curve based on Weibull distribution [J]. Construction and Building Materials, 2023, 366: 130-151.

[115] Chen Y, Liu Y, Tan H. Study on the micromechanics of the NEPE solid propellant [J]. Chinese Journal of Explosives and Propellants, 2008, 31 (1): 56.

[116] Chen Jie, Yang Hang, Elkhodary K I, et al. G-MAP123: A mechanistic-based data-driven approach for 3D nonlinear elastic modeling—Via both uniaxial and equibiaxial tension experimental data [J]. Extreme Mechanics Letters, 2022, 50: 1-15.

[117] Jones R, Molent L, Pitt S. Similitude and the Paris crack growth law [J]. International journal of fatigue, 2008, 30 (10/11): 1873-1880.

[118] 丁晶. 扩展有限元在断裂力学中的应用 [D]. 南京: 河海大学, 2007.

[119] 张亚, 强洪夫, 杨月诚. 国产 HTPB 复合固体推进剂 I-Ⅱ型裂纹断裂性能实验研究 [J]. 含能材料, 2007 (4): 359-362.

[120] 韩龙. 复合固体推进剂细观损伤机理及本构模型研究 [D]. 南京: 南京理工大学, 2016.

[121] Do-Jun Shim, Mohammed Uddin, Sureshkumar Kalyanam, et al. Application of extended finite element method (XFEM) to stress intensity factor calculations [C]. Pressure Vessels and Piping Conference, 2015, 56994: V06AT06A053.

[122] Bjørheim F, Siriwardane S C, Pavlou D. A review of fatigue damage detection and measurement techniques [J]. International Journal of Fatigue, 2022, 154: 1-17.

[123] Lotsberg I, Sigurdsson G. Hot spot stress SN curve for fatigue analysis of plated structures [J]. Journal of Offshore Mechanics and Arctic Engineering, 2006, 128 (4): 330-336.

[124] 中国国家标准化管理委员会. 聚合物基复合材料疲劳性能测试方法 GB/T 35465.3—2017 [S]. 2018.

[125] 许进升, 杨晓红, 陈雄, 等. HTPB 推进剂疲劳特性试验研究 [J]. 火炸药学报, 2021, 44 (3): 372-378.

[126] 常新龙, 余堰峰, 张有宏, 等. HTPB 推进剂老化断裂性能试验 [J]. 推进技术, 2011, 32 (4): 564-568.